EXPOSITION UNIVERSELLE DE 1867
A PARIS

RAPPORTS DU JURY INTERNATIONAL

PUBLIÉS SOUS LA DIRECTION

DE M. MICHEL CHEVALIER

MATIÈRES COLORANTES

DÉRIVÉES DE LA HOUILLE

PAR

MM. A.-W. HOFMANN, GEORGES DE LAIRE
ET CHARLES GIRARD.

PARIS
IMPRIMERIE ET LIBRAIRIE ADMINISTRATIVES DE PAUL DUPONT
45, RUE DE GRENELLE-SAINT-HONORÉ, 45

1867

EXPOSITION UNIVERSELLE DE 1867
A PARIS

RAPPORTS DU JURY INTERNATIONAL

PUBLIÉS SOUS LA DIRECTION

DE M. MICHEL CHEVALIER

MATIÈRES COLORANTES

DÉRIVÉES DE LA HOUILLE

PAR

MM. A. W. HOFMANN, GEORGES DE LAIRE
ET CHARLES GIRARD.

PARIS

IMPRIMERIE ET LIBRAIRIE ADMINISTRATIVES DE PAUL DUPONT

45, RUE DE GRENELLE-SAINT-HONORÉ, 45

1867

MATIÈRES COLORANTES

DÉRIVÉES DE LA HOUILLE

—

CHAPITRE I.

INTRODUCTION.

Nous ne sommes plus au temps où une industrie exigeait de longues années pour se créer, de plus longues encore pour se développer et se répandre au loin.

Dissimulant les procédés qu'elle mettait en usage, cachant avec soin les matières premières qu'elle employait, elle faisait l'obscurité autour d'elle, et parvenait à conserver au pays où elle s'était établie un monopole qui l'enrichissait. Les priviléges concédés par les rois, une foule de dispositions législatives, l'ignorance générale, l'organisation particulière du travail, tout, à ces époques antérieures à 1789, tendait à favoriser ce résultat.

De nos jours, à peine une découverte utile est-elle faite, une application heureuse est-elle trouvée, qu'elles sont publiées, décrites dans les journaux scientifiques, les revues techniques et autres ouvrages périodiques, et surtout dans les recueils des brevets. Les voilà devenues le point de départ de mille recherches de mille expériences nouvelles, que chacun

exécute avec sa tournure d'esprit particulière, ses connaissances, son instruction spéciale : le savant, dans le but d'a-
jouter un chapitre à la science, l'industriel, avec l'espoir
d'une utilisation matérielle. De ces efforts multiples et très-
différents, de ce labeur incessant de toute une légion de tra-
vailleurs, sort une industrie, qui n'est pas plutôt née qu'elle
est grande et prospère. Et ce n'est pas seulement dans le lieu
où elle a pris naissance qu'elle acquiert ses développements,
elle se propage avec rapidité chez les nations étrangères, de
telle manière souvent que la contrée où s'est faite la découverte se trouve devancée de beaucoup dans l'application de
celle-ci par ses voisins : nous prenons ce mot dans un sens
tout à fait large ; l'Océan même n'est plus une barrière entre
les nations qu'il sépare ; New-York, au point de vue industriel,
est maintenant un voisin de Londres, de Paris et des centres
manufacturiers allemands, et un voisin avec lequel il faut
compter.

L'histoire des matières colorantes artificielles dérivées de la
houille abonde en exemples saisissants à l'appui de cette
thèse : comment ne pas être frappé du temps si court que la
fabrication de ces matières a mis à se développer ? Elle ne
date que de la fin de 1856, et pourtant elle a figuré dignement
déjà à l'Exposition de 1862.

Dès cette époque, par la variété, par le nombre, par la
beauté, par la valeur de ses produits, par l'importance qu'ils
avaient acquis dans la consommation, elle pouvait prendre
rang dans la grande industrie. En 1862, la fabrication des
couleurs s'élevait à un chiffre de dix millions de francs ; aujourd'hui, cette somme est presque triplée, et cependant ces
produits se vendent beaucoup moins cher qu'alors. En effet,
les perfectionnements apportés successivement à la fabrication
des matières tinctoriales dérivées de la houille ont eu pour
résultat, non-seulement de les rendre plus belles, mais aussi
de réduire leurs prix d'une manière telle qu'aucune matière
colorante, à pouvoir tinctorial égal, n'est moins chère mainte-

nant que les couleurs d'aniline. De sorte que, si, dès l'abord, elles ont dû la faveur dont elles ont joui à l'éclat inusité de leurs teintes, leur importance se conservera et augmentera même, grâce aux bas prix qu'elles ont atteints.

Parmi les couleurs qui existaient déjà en 1862, quelques-unes sont devenues de véritables matières premières, au moyen desquelles on a produit d'autres substances tinctoriales non moins belles, non moins riches et d'une consommation non moins importante que celle de leurs aînées.

Ainsi, la rosaniline est devenue la mère de toute une série de couleurs et en dernier lieu du vert.

On a donc actuellement, avec les seuls produits de l'aniline, la gamme complète des couleurs :

Violet, indigo, bleu, vert, jaune, orangé, rouge.

N'est-on pas fondé à dire, dès lors, que la fabrication des matières colorantes artificielles, malgré les perfectionnements dont elle est encore susceptible, malgré les découvertes dont elle peut s'enrichir, quoique vieille de dix ans à peine, est sortie de l'enfance et a formé la base d'une des plus grandes industries de l'époque ?

Mais, si le développement de cette nouvelle fabrication a atteint un si haut degré, dans un aussi court espace de temps, sa divulgation et sa propagation à travers le monde industriel et commercial ont marché encore plus rapidement. La première en date, des couleurs d'aniline, est la mauvéine. Elle fut découverte au mois d'août 1856 par M. H.-W. Perkin. Pendant que l'inventeur, fort jeune et disposant de ressources assez modiques, restait près de deux années entières avant de pouvoir exploiter largement son invention, et luttait contre les difficultés qui assiégent les débuts de toute industrie nouvelle plusieurs fabricants français produisaient presque immédiate-ment et sur une vaste échelle, la mauvéine par le procédé textuel ou à peine modifié que venait de leur révéler la patente anglaise. A ne considérer que l'état de cette industrie, à cette époque, dans les deux pays, on eût dit que l'invention appartenait à la France, et n'avait été qu'importée en Angleterre. Presque aussitôt, de France, elle se répandait en Allemagne.

L'année 1859 a vu naître la fabrication du rouge d'aniline. A peine installée depuis trois mois à Lyon, elle était transportée à Mulhouse, puis, franchissant la Manche, elle s'établissait en Angleterre, à Londres, à Coventry, à Glasgow et ne tardait pas à se répandre en Allemagne.

Le bleu d'aniline apparut pour la première fois en 1860. Moins d'un an après, il y avait plus de dix usines en Allemagne, en Angleterre, en Italie et en Suisse pour produire cette nouvelle matière.

Pendant que la fabrication des couleurs d'aniline devenait ainsi européenne, leur consommation s'étendait plus loin encore. On voyait se produire ce fait unique dans les annales du commerce : l'Occident, la vieille Europe, approvisionnant l'Orient de matières tinctoriales, envoyant ses couleurs artificielles aux confins du monde, en Chine, au Japon, en Amérique, aux Indes, dans ces pays favorisés, qui, jusqu'à présent, avaient fourni l'industrie de l'Europe des produits tinctoriaux qu'elle consommait. C'était toute une révolution ; la chimie victorieuse dépossédait le soleil d'un monopole qu'il avait toujours exercé. Au commencement de ce siècle, alors que fleurissait encore le langage mythologique, on n'eût pas manqué de dire que Minerve avait triomphé d'Apollon.

Mais ce n'était pas tout de tirer des couleurs du goudron, de les envoyer en Chine ; il fallait leur assurer un débouché et les faire accepter. C'est alors que se produisit un fait caractéristique de notre époque. Pour l'application de ces couleurs, les procédés étant tout à fait différents de ceux suivis par les Chinois, leur emploi exigeant le concours de substances qui leur étaient inconnues, il fallait à la fois changer leurs matières tinctoriales, leurs dissolvants, leurs mordants ; il fallait, en un mot, refaire l'éducation du teinturier chinois. Cette difficulté n'arrêta pas un instant le fabricant européen ; il envoya en

Chine et au Japon, non-seulement des ouvriers qui enseignèrent aux consommateurs la manière d'appliquer les couleurs qu'on leur vendait, mais encore les produits chimiques nécessaires à leurs manipulations, tels que l'acide sulfurique et l'alcool concentré, qui leur étaient encore inconnus. De cette manière se traitèrent des affaires considérables avec l'Orient; les quantités vendues par les fabricants européens dans les années 1864, 1865 et 1866, s'élevèrent à plusieurs millions de francs.

L'Exposition Universelle de 1867 accuse des progrès considérables de toute nature réalisés dans la production des couleurs artificielles depuis 1862. Rappelons ici que l'année même de l'Exposition anglaise fut une des plus fécondes en découvertes et en perfectionnements.

Presque immédiatement après sa clôture, apparaissent le vert d'aniline, les violets de rosaniline méthylique et éthylique, le noir d'aniline. En même temps, nous voyons la science dissiper les ténèbres qui enveloppaient encore la production des nouvelles matières colorantes. S'il ne fallait se garder de généraliser, en pareille matière, on pourrait dire que les expositions n'ont pas pour but seulement d'enregistrer les découvertes acquises, mais encore de provoquer, de hâter l'éclosion de nouvelles inventions. Quoi qu'il en soit, nous citerons ici les matières colorantes mentionnées dans les rapports de l'Exposition de 1862 :

Acide picrique,

Isopurpurate de potasse,

Mauvéine et ses sels,

Rosaniline et ses sels,

Bleu de rosaniline,

Violet de rosaniline,

Chrysaniline (phosphine),

Péonine,

Azuline,

Éméraldine,

Viridine,

Azurine,

Pseudo-alizarine.

Quelques-unes de ces couleurs ont disparu de la consommation, si toutefois il est bien sûr qu'elles y soient jamais entrées; telles sont : l'éméraldine, la viridine, l'azurine, la pseudo-alizarine. La mauvéine a vu sa consommation diminuer considérablement, de même les violets de rosaniline. En revanche, l'importance de la rosaniline et du bleu de rosaniline triphénylique s'est accrue considérablement. Le noir d'aniline n'existait encore qu'à l'état d'espérance. Il est actuellement une des couleurs dont l'industrie est la plus heureuse d'être en possession.

Voici maintenant la liste des matières colorantes qui, depuis 1862, sont entrées ou sont sur le point d'entrer dans la consommation, et qui figurent à l'Exposition de 1867 :

Vert d'aniline à l'aldéhyde,

Violets de rosaniline, méthylique et éthylique,

Vert d'aniline par l'iodure méthyle,

Marron d'aniline,

Gris d'aniline,

Noir d'aniline,

Mauvaniline,

Bleu de diphénylamine,

Chrysotoluidine,

Rouge naphtalique (sels de l'acide chloroxynaphtalique),

Jaune naphtalique (binitronaphtole).

Parmi ces dernières matières, plusieurs sont d'une importance considérable ; les verts nouveaux, les violets, le noir d'aniline.

Mais si l'on a découvert de nouvelles couleurs, on n'a pas négligé pour cela de perfectionner les anciennes comme nous l'avons déjà fait remarquer. Les prix ont baissé ; la pureté, la beauté des matières sont devenues des qualités ordinaires, de rares qu'elles étaient encore à l'époque de la dernière Exposition; de plus, la fabrication a beaucoup gagné au point de vue de la salubrité.

Des améliorations correspondantes furent réalisées dans l'industrie des matières premières. En 1862, une grande quantité de goudrons était complétement perdue pour la fabrication des matières colorantes artificielles. Depuis quelque temps, on commence à les recueillir dans certains centres de production houillère, à Saint-Étienne, par exemple, grâce aux soins et aux procédés de MM. Pauwels et Knab. Le problème consistait à transformer les fours à coke ordinaires en vastes cornues à gaz, qui permissent, tout en conservant la qualité du coke, de recueillir les goudrons et les gaz, ces derniers pouvant servir au chauffage du four même. Ces appareils que le cadre trop restreint de notre rapport nous empêche de décrire, commencent à se répandre; ils exercent déjà une influence notable sur le prix des produits de distillation de la houille et surtout des huiles légères, bien que le goudron soit encore loin d'être recueilli d'une manière complète.

En France, en effet, on carbonise, pour les besoins de la fabrication du coke destiné à la métallurgie, 3 millions de tonnes de houille par an. Lorsqu'on appliquera la méthode de MM. Pauwels et Knab (1) d'une manière générale, on retrouvera de 125 à 130 millions de kilogrammes de goudron, qui donneront de 2 à 3 millions de kilogrammes d'hydrocarbures légers. On peut donc prévoir que le prix des benzines baissera encore, et, par conséquent, celui des matières colorantes qui en dérivent. Ces prix sont, actuellement, de 70 à 80 centimes le kilogramme pour la benzine. En 1862, elle valait de 3 à 4 francs le kilogramme : l'aniline, qui coûtait de 12 à 18 francs vaut 3 fr. 25 cent. et 3 fr. 80 cent. au maximum. Le chlorhydrate de rosaniline cristallisé, de 250 à 300 francs est tombé aujourd'hui à 25 et 30 francs. Le bleu, qui se vendait 500 francs, s'offre à 100 francs, et des qualités inférieures se vendent 30 et 40 francs

(1) Voir la Chimie de Pelouze et Frémy, tome II, page 884. Les appareils de MM. Pauwels et Knab figurent d'ailleurs à l'exposition des Mines de la Loire.

Ces chiffres donnent, de la façon la plus convaincante, la preuve du progrès énorme réalisé par l'industrie des couleurs d'aniline depuis 1862.

Cette réduction du prix des couleurs d'aniline est aujourd'hui telle, que toutes les industries qui se servent de matières colorantes ont avantage à remplacer les anciens produits tinctoriaux par les couleurs artificielles.

De plus, l'emploi de ces produits a simplifié de beaucoup les opérations et les procédés, autrefois fort compliqués et fort coûteux, de la teinture ; en sorte que, avec les couleurs d'aniline, particulièrement pour la soie, un apprenti obtient d'aussi bonnes nuances qu'un maître ouvrier. Cette facilité d'application n'a certainement pas moins contribué au succès des matières colorantes de la houille que la richesse et la variété de leurs nuances.

L'emploi de ces magnifiques produits colorants ne s'est pas borné à la teinture et à l'impression ; une foule d'autres industries se sont empressées d'en tirer parti. Les diverses applications, dont nous passerons rapidement en revue les plus importantes à la fin de ce rapport, bien qu'elles ne consomment qu'une quantité de matières colorantes relativement faible, ont néanmoins contribué à leur développement.

Les progrès que nous venons de signaler dans l'industrie des couleurs dérivées de la houille, depuis la dernière exposition, démontrent, en effet, que les éventualités prévues par le rapporteur (1), en 1832, relativement au développement probable des couleurs d'aniline, et à leurs conséquences économiques et commerciales, sont aujourd'hui des faits accomplis.

Tout porte donc à croire que les matières colorantes naturelles finiront par céder complétement la place aux couleurs artificielles. Cette révolution, dont l'influence serait des plus importantes, puisqu'elle rendrait à la production des aliments beaucoup de terres employées à des cultures industrielles,

(1) International Exhibition of 1862. Reports of the Juries, classe II, section A, page 120.

aurait déjà eu lieu, si les couleurs artificielles trouvées jusqu'à ce jour étaient aussi solides que leurs rivales. Moins fugaces qu'à leur début, à cause du plus grand état de pureté sous lequel on sait les obtenir, elles le sont encore trop, pour entrer largement dans la teinture des draps et des tissus destinés à l'ameublement. En envisageant le passé des matières colorantes en général, il est permis d'espérer que ce défaut de solidité ne tardera pas à disparaître sous les efforts combinés de la science et de l'industrie.

Procédés industriels pour la fabrication des matières colorantes.

Nous nous proposons de décrire successivement et d'une manière sommaire les méthodes actuellement les plus usitées et les plus avantageuses pour la préparation des différentes matières colorantes artificielles ; nous signalerons surtout les procédés qui ont été inventés, améliorés ou divulgués depuis 1862. En les comparant à ceux qui se trouvent indiqués dans les rappports anglais et français sur l'Exposition de Londres, on aura une idée nette des changements que le temps a apportés.

Commençons par un exposé rapide des principaux perfectionnements introduits dans la préparation des matières premières dont se sert l'industrie des couleurs artificielles.

CHAPITRE II.

MATIÈRES PREMIÈRES.

—

§ 1. — Benzine. — Toluène.

Ces deux carbures d'hydrogène sont de beaucoup les plus importants pour l'industrie qui nous occupe. On les extrait des huiles légères provenant de la distillation du goudron obtenu dans la carbonisation de la houille en vase clos.

Le goudron brut est soumis à la distillation, qui est poussée plus ou moins loin, suivant les usages auxquels sont destinés les brais. On distingue trois espèces de brai, ne différant entre eux que par la plus ou moins grande quantité d'huiles lourdes qu'ils contiennent : le brai liquide, qui renferme toutes les huiles lourdes; le brai gras, qui en renferme moins, et le brai sec, qui n'en contient presque plus.

Ces différents produits sont employés, soit comme peinture préservatrice et désinfectante, soit pour la conservation des bois, soit pour l'agglomération des charbons, soit enfin pour fabriquer l'asphalte factice.

Dans la préparation de toutes ces variétés de brai, les huiles légères, qui nous intéressent principalement, sont constamment enlevées. Elles sont constituées par le mélange d'un certain nombre d'hydrocarbures liquides, tels que le benzol, le toluol, le xylol, le cumol, avec un peu de naphtaline. Elles contiennent, en outre, une certaine proportion de matières présentant des caractères intermédiaires entre les alcools et les acides, que l'on a appelées phénols; ce sont les acides ou alcools phénique, crésylique, xylique. Elles renferment aussi des traces de matières basiques, telles que l'aniline, la picoline, la leucoline.

Dans le but de purifier complétement les carbures d'hydrogène, on les agite avec de l'acide sulfurique dilué qui enlève les corps basiques, puis avec une lessive de soude caustique d'un poids spécifique d'environ 1,34 (40° Baumé), qui dissout les phénols; le résidu est lavé plusieurs fois à l'eau.

Le traitement du mélange obtenu de cette façon varie suivant les diverses usines, mais c'est toujours par une série de distillations fractionnées qu'on arrive à isoler les différents corps.

En général, les produits de distillation sont séparés en trois parties : la première distillant au-dessous de 150°, la deuxième de 150 à 210°, et la troisième au-dessous de 300°.

C'est surtout la première partie, connue dans l'industrie sous le nom de *benzine commerciale*, qui contient les hydrocarbures destinés à la fabrication des matières colorantes: elle bout entre 80 et 120°, et renferme la totalité du benzol et la plus grande partie du toluol, qui se sont formés lors de la distillation de la houille.

Mansfield (1), à qui l'on doit la préparation industrielle du benzol, fut le premier qui chercha à séparer les hydrocarbures des benzines brutes et à obtenir des produits d'un point d'ébullition constant.

L'appareil, qu'il a décrit et employé en 1847, se compose d'une chaudière que surmonte un grand condensateur de forme ovoïde, entouré d'un réservoir rempli d'eau. Ce condensateur porte un tube se bifurquant de manière à ramener les liquides, soit dans la chaudière, soit dans un serpentin refroidi.

Il est facile de comprendre que, au fur et à mesure que les carbures contenus dans la chaudière distillent, ils échauffent l'eau du réservoir et retombent condensés dans cette dernière, jusqu'au moment où l'eau ayant acquis une température égale au point d'ébullition des carbures, il leur soit permis de distiller. Le point d'ébullition du benzol pur (80°) étant inférieur à celui de l'eau, tandis que tous les autres hydrocarbures renfermés dans les benzines brutes bouillent à des températures supérieures, il est évident que, pendant l'ébullition de l'eau du réservoir, la presque totalité du liquide distillé consiste en benzol. Le benzol ainsi obtenu se congèle facilement et présente un point d'ébullition variant de quelques degrés ; en le soumettant de nouveau à une distillation, on obtient un produit plus pur encore. Pour l'avoir chimiquement pur, il suffit alors de le congeler et de le presser fortement.

M. E. Kopp a indiqué en 1800 (2) l'avantage qu'il y aurait à employer les appareils servant à la rectification des alcools

(1) J.-B. Mansfield, patente n° 11960, 11 novembre 1847; conférence faite à l'institution royale de la Grande-Bretagne, le vendredi 27 avril 1849.

(2) E. Kopp, *Moniteur scientifique*, t. II, p. 829.

pour séparer les hydrocarbures. En 1863, M. Th. Coupier, reprenant la même idée, a construit un appareil distillatoire pour la séparation des hydrocarbures. Nous renvoyons le lecteur qui désirerait de plus amples détails sur les procédés de M. Coupier au brevet qu'il a pris(1). D'après M. Coupier, on peut isoler maintenant, à l'aide de cet appareil, les hydrocarbures renfermés dans les benzines brutes et particulièrement le benzol et le toluol.

§ 2. — Nitrobenzine.

La production de nitrobenzine et de nitrotoluène a fait d'énormes progrès depuis 1862. A l'origine de l'industrie anilique, cette opération a présenté de sérieuses difficultés; mais le fabricant, avec sa persévérance habituelle, les a surmontées; il a écarté les dangers d'explosion et d'incendie et fait d'une opération pénible et périlleuse, qui semblait ne devoir jamais sortir du domaine de la science pure, un des procédés les plus faciles et les plus élégants de la grande industrie. Jusqu'en 1862 et 1863, la nitrobenzine ne se fabriquait à la fois que par quantités relativement faibles. Maintenant, la transformation de la benzine se fait dans une seule opération, par centaines de kilogrammes.

L'opération, qui se faisait primitivement dans des appareils en grès et même en verre, est maintenant exclusivement exécutée dans des vases en fer.

Les chaudières en fonte qui servent à la nitration sont cylindriques et d'une contenance de 1 mètre cube ou même de 1 mètre cube et demi; elles sont pourvues d'un agitateur mû par la vapeur. La partie supérieure de la chaudière communique, d'une part, avec une cheminée d'appel servant à entraîner les gaz nitreux, et, de l'autre, par un tube deux fois recourbé en forme d'S, avec un réservoir contenant un mélange d'acide nitrique et d'acide sulfurique, dont les pro-

(1) Th. Coupier, brevet, Paris, le 4 avril 1863.

portions relatives varient suivant la concentration des acides.

La benzine est introduite en une seule fois dans la chaudière, et, au contraire, le mélange des deux acides n'y arrive que goutte à goutte par le tube en S, qui fait en même temps fonction de soupape.

La pratique a démontré qu'il faut que l'attaque de la benzine se fasse au fur et à mesure que l'acide tombe du réservoir, afin que l'acide nitrique ne s'accumule pas au fond de l'appareil. On arrive à réaliser cette condition en agitant constamment et régulièrement le liquide, et en chauffant ou refroidissant, suivant les saisons, la partie inférieure de l'appareil dans lequel se fait la réaction.

A cet effet, la portion inférieure de la chaudière est entourée d'un serpentin dans lequel peuvent circuler de la vapeur, de l'eau chaude ou de l'eau froide. Cette disposition permet de hâter ou de modérer l'attaque.

Disons enfin, que la cheminée dont nous avons parlé porte à son extrémité supérieure une couronne d'où s'échappe constamment un courant d'eau froide qui s'écoule le long de ses parois extérieures, sans parvenir à la chaudière elle-même.

La fin de l'opération se reconnaît à la décoloration des liquides qui se sont séparés en deux couches distinctes. On enlève l'acide au moyen d'un robinet placé à la partie inférieure de la chaudière, et on procède, dans l'appareil même, au lavage à l'eau et à la soude faible en quantité suffisante pour saturer les dernières traces d'acide. Quand la nitration a été bien conduite, le rendement est de 135 à 140 pour 100 de la benzine employée.

En suivant la méthode que nous avons indiquée sommairement pour la fabrication de la nitrobenzine, les accidents sont devenus relativement très-rares, et les ouvriers ne sont plus exposés aux vapeurs nitreuses que quelques fabricants condensent, tandis que d'autres les dirigent directement dans les chambres de plomb servant à la fabrication de l'acide sulfurique.

§ 3. — Aniline.

La transformation de la nitrobenzine en aniline a lieu sous l'influence réductrice de l'hydrogène naissant. Parmi les nombreuses méthodes qu'on a proposées pour effectuer cette réduction, le procédé indiqué par M. Béchamp est le seul qui ait été consacré par la pratique. Il consiste à soumettre la nitrobenzine à l'action d'un mélange de fer et d'acide acétique.

La réaction s'exécute actuellement dans un appareil dont la première idée est due à M. Nicholson. Sauf quelques modifications, il est maintenant adopté par la plupart des fabricants.

Il se compose d'une vaste cornue tubulée en fonte (au moins de 1 mètre de diamètre et 2 mètres de hauteur), communiquant d'un côté par sa tubulure avec un cohobateur, et, de l'autre, par son col, avec un réfrigérant; un système de robinets permet de diriger les produits de la distillation dans l'un ou dans l'autre. La partie supérieure de la cornue est en outre munie, pour l'introduction des matières, d'un trou d'homme et d'un tube en S, pouvant en même temps fonctionner comme soupape de sûreté. A la partie inférieure est un trou de vidange fermé au moyen d'une vis de pression. Dans l'intérieur de la cornue, se meut un arbre portant un agitateur; l'arbre est entouré d'un tube par lequel la vapeur arrive au fond de l'appareil.

Dans quelques usines, on charge ensemble le fer et la nitrobenzine, tandis que l'acide acétique est versé petit à petit; dans d'autres, au contraire, la nitrobenzine et l'acide acétique sont introduits ensemble et le fer ajouté peu à peu.

La réduction de la nitrobenzine étant très-vive et donnant lieu à un dégagement de vapeur très-considérable, la chaudière communique pendant cette opération avec le cohobateur. Pour constater la fin de la réaction, il suffit de soutirer une petite quantité du liquide condensé dans le serpentin du cohobateur, au moyen d'un robinet placé à sa partie inférieure. Aussitôt que le produit se dissout complétement dans l'acide chlorhydrique, la cornue est mise en communication avec le réfrigérant, et l'aniline, entraînée au moyen d'un courant de vapeur surchauffée, qui est injecté au fond de l'appareil, vient se condenser pour être recueillie dans de grandes cuves, où elle est séparée de l'eau. Pour éviter la perte de la petite quantité d'aniline dissoute dans l'eau, cette dernière peut être employée à l'alimentation de la chaudière fournissant la vapeur.

Par suite de l'heureuse disposition du nouvel appareil, la transformation de la nitrobenzine en aniline, qui était une opération pénible et insalubre, est devenue d'une exécution facile et ne présentant pas le moindre danger pour la santé des ouvriers. La condensation des produits qui s'échappaient et infectaient l'atmosphère des usines est venue en même temps augmenter d'une manière notable le rendement en aniline. En effet, il s'est produit dans la fabrication de cette matière un résultat qu'on observe d'ailleurs généralement en industrie; chaque pas fait dans la voie de l'hygiène a été la cause d'une économie.

La condensation parfaite, effectuée par le cohobateur, a permis en outre de réaliser une réduction considérable sur la quantité d'acide acétique employé primitivement, et, par suite, de diminuer le prix de revient de l'aniline.

Ajoutons encore que le nouvel appareil, permettant d'opérer sur une plus vaste échelle, a aussi donné lieu à de grandes économies sur la main-d'œuvre.

Enfin la distillation au moyen de la vapeur surchauffée a augmenté de beaucoup la pureté de l'aniline; elle empêche la formation d'un assez grand nombre de produits secondaires connus dans les usines sous le nom de queues d'aniline, et sans valeur dans la fabrication des matières colorantes.

§ 4. — Diphenylamine.

La diphénylamine et la phényltoluylamine n'ont été découvertes qu'en 1864 seulement. On les trouva à cette époque

2m

dans les produits engendrés par la distillation de la rosaniline triphénylique et tritoluylique (1). Depuis, au commencement de 1866, on a indiqué un procédé qui permet de les obtenir facilement et industriellement, ainsi que la ditoluydlamine (2). Ce procédé consiste à chauffer dans une marmite autoclave, sous une pression de 6 à 7 atmosphères, et à une température d'environ 250°, deux parties d'aniline commerciale et une partie de chlorhydrate d'aniline (3).

Nous classerons de la manière suivante les différentes substances dont nous allons entreprendre l'étude :

1° Rosaniline et ses dérivés;

2° Dérivés de l'aniline à *sérier*;

3° Dérivés du phénol;

4° Dérivés de la naphtaline.

CHAPITRE IV.

ROSANILINE ET SES DÉRIVÉES.

---

§ 1. — Fabrication de la rosaniline et de ses sels.

L'histoire de la découverte de la rosaniline étant faite d'une manière détaillée dans les rapports de l'Exposition de 1862, nous n'y reviendrons pas. Nous ne nous occuperons pas davantage de recherches scientifiques entreprises dans le but d'éclairer sa genèse, et qui y ont été également exposées. Il nous est pourtant impossible de ne pas signaler l'influence

---

(1) Hofmann ; Comptes rendus de l'Académie des sciences, 1864, tome 58 et 59

(2) De Laire et Girard ; Brevet du 21 mars 1866.

(3) L'équation suivante rend compte de cette réaction :

$$\left.\begin{matrix} C^6\ H^5 \\ H \\ H \end{matrix}\right\}N + \left.\begin{matrix} C^6\ H^5 \\ H \\ H \end{matrix}\right\}N,\ H\ Cl. = \left.\begin{matrix} C^6\ H^5 \\ C^6\ H^5 \\ H \end{matrix}\right\}N + \left.\begin{matrix} H \\ H \\ H \end{matrix}\right\}N,\ H\ Cl.$$

Aniline.   Aniline.   Diphénylamine.

que ces recherches ont exercée sur le développement de l'industrie rosanilique.

Dès le début de la production de cette matière, les fabricants avaient observé que le succès de leurs opérations dépendait de la nature de l'aniline commerciale qu'ils avaient à transformer, mais sans que pour cela ils se fussent rendu un compte bien exact des causes auxquelles il fallait l'attribuer. Ils avaient constaté l'existence d'un certain rapport entre les points d'ébullition du mélange d'alcaloïdes employés et les rendements en matières colorantes obtenues, mais là s'arrêtait leur science. Ils se bornaient à distiller ou, pour employer le mot consacré dans cette industrie, à rectifier leurs anilines de manière à n'employer jamais que des produits distillant à peu près dans les mêmes limites.

L'étude de la rosaniline, la détermination de sa composition et surtout la constatation que cette base, loin d'être un dérivé de l'aniline seule, devait son origine à la présence dans l'aniline commerciale d'une certaine quantité de toluidine, sont venues donner la clef des procédés purement empiriques de cette industrie. A partir de ce jour commence la fabrication rationnelle de la rosaniline; plus de tâtonnements, plus de méprises; le fabricant a désormais, pour opérer, des données certaines. Les points d'ébullition de l'aniline et de la toluidine étant connus, il arrive bientôt, en se servant des anilines commerciales bouillant à des températures différentes, à produire artificiellement le mélange de ces deux bases dans les proportions les plus convenables à leur transformation en matières colorantes. Mais déjà, il ne se contente plus des produits mal définis que lui fournit le commerce; il veut des corps chimiquement purs, et l'industrie ne tarde pas à les mettre à sa disposition.

De là les efforts multipliés pour préparer les hydrocarbures dont nous avons parlé en traitant de l'extraction des matières premières.

Ajoutons pourtant que la réaction qui engendre la rosa-

niline, malgré les renseignements fournis par la science,
offre encore quelques difficultés. Suivant la théorie (1), on
devrait employer 30 pour 100 d'aniline et 70 pour 100 de toluidine. Or la pratique, quoiqu'elle ne soit pas encore arrivée à une
conclusion générale sur les meilleures proportions à employer, a néanmoins reconnu que celles indiquées par la
théorie ne donnent pas le maximum de rendement, et que,
pour obtenir le meilleur résultat, il fallait se servir d'une plus
grande quantité d'aniline. Cela dépend probablement, pensons-
nous, de ce que la présence d'une certaine proportion d'aniline, en outre de celle qui entre dans la composition de la rosaniline, sert à faciliter la transformation en rendant les produits de la réaction plus fusibles. Quoi qu'il en soit, il est
certain que les produits passant à la distillation (les échappés) ne présentent jamais la composition du mélange, qui les
a fournis. Ils consistent en aniline ne renfermant que de faibles
quantités de toluidine.

En attendant que les observations que nous venons de présenter soient confirmées par l'expérience, il nous reste à considérer la production de la rosaniline au point de vue industriel. Nous entrerons dans quelques détails en raison de son
importance exceptionnelle. En effet, elle n'est pas seulement
une matière colorante, économique, très-belle, d'un emploi
facile; elle est encore la source d'une foule d'autres matières
colorantes, une véritable matière première avec laquelle on
obtient le bleu et les violets de rosaniline phénylique, les violets méthyliques et éthyliques, le vert à l'aldéhyde, le vert à
l'iodure d'éthyle, et certaines matières colorantes, jaunes
brunes, toutes actuellement plus ou moins employées.

De tous les nombreux agents, qui, au début de l'industrie
des couleurs d'aniline, ont été recommandés pour servir à la

(1) Suivant la théorie, la rosaniline se produit par la soudure de 1 molécule d'aniline et de 2 molécules de toluidine d'après l'équation :

$$C^6 H^7 N + 2 C^7 H^9 N + 3O = C^{20} H^{21} N^3 O + 2H^2O$$

Aniline   Toluidine   Rosaniline

production commerciale de la rosaniline, c'est surtout l'acide arsénique (1) qui s'est maintenu et qui est aujourd'hui usité presque exclusivement.

Le procédé qui repose sur son emploi comprend trois phases distinctes : 1° la préparation de la matière brute ou transformation de l'aniline en sel de rosaniline; 2° le traitement par voie humide de la matière brute obtenue; 3° la purification des sels de rosaniline par cristallisation.

Préparation de la matière brute. — On introduit successivement 800 kilogrammes d'aniline commerciale, et 1,370 kilogrammes d'une solution contenant 72 pour 100 d'acide arsénique anhydre, ce qui correspond sensiblement à 2 molécules d'aniline, 1 molécule d'acide arsénique (2) anhydre et 5 molécules d'eau (3). La cornue, d'une capacité de 2,500 litres environ, est munie d'un agitateur mû par la vapeur. Un gros tube descend, parallèlement à l'axe de l'agitateur, jusqu'au fond de l'appareil et sert à y amener la vapeur. A la partie supérieure, un trou d'homme, une soupape et un robinet qui fait communiquer l'appareil avec un réservoir d'eau chaude; à la partie inférieure, deux grands trous de coulée. Le col de la cornue communique avec un grand serpentin servant à condenser l'aniline qui se volatilise dans le cours de la réaction. La température ne doit pas dépasser 190 à 200 degrés; l'opération dure de huit à dix heures. Au bout de ce temps, la « cuisson » est terminée.

Les quantités d'eau et d'aniline qui distillent doivent servir de contrôle et indiquer la marche de l'opération. Ainsi la transformation étant terminée, on aura recueilli à peu près 850,

(1) L'acide arsénique qu'on préparait autrefois exclusivement en oxydant l'acide arsénieux au moyen de l'acide nitrique, se fabrique très-économiquement aujourd'hui en faisant passer un courant de chlore dans de l'acide arsénieux en suspension dans l'eau.

(2) $As^2 O^3$.

(3) Une solution d'acide arsénique faite dans les proportions indiquées ne cristallise pas, même en hiver.

litres d'un mélange d'eau et d'aniline, qui, traité par le chlorure de sodium pour effectuer leur séparation, donnera 440 kilogrammes d'aniline et 410 kilogrammes d'eau. Lorsque 800 litres du mélange sont passés, on doit retirer le feu; l'opération touche à sa fin, et la masse du fourneau est assez chaude pour que la réaction continue et que l'aniline encore libre achève de distiller. Pendant ce temps, il faut avoir soin d'entretenir, au moyen de l'agitateur, un mouvement continuel au sein de la masse encore fluide. La quantité du liquide qui s'est condensé ayant démontré que la réaction est terminée, il faut procéder à la coulée.

On ouvre le robinet de vapeur. La vapeur arrive avec force au sein de la masse et entraîne mécaniquement l'aniline qui se trouve encore retenue dans l'appareil.

Lorsque toute l'aniline a distillé, on introduit peu à peu de l'eau bouillante afin d' « hydrater » la matière. Pour faciliter cette réaction on peut recommencer à chauffer légèrement la cornue. Lorsqu'on a une masse bien homogène encore fluide, ce qui arrive au bout d'une heure environ, on ouvre les trous des coulées, et, au moyen de cheneaux en tôle, on fait arriver la matière dans les tonneaux à agitateurs mécaniques.

Pour fabriquer de cette manière 2,000 kilogrammes de matière brute par jour, quatre hommes sont nécessaires. Un seul même suffit une fois que l'opération est mise en train, jusqu'au moment où il faut effectuer la coulée. Les trois autres ne sont nécessaires qu'au début et à la fin de la « cuisson. »

L'économie réalisée sur la main-d'œuvre par ce procédé est considérable, car, par les anciennes méthodes, il fallait au moins dix hommes pour faire la même quantité d'ouvrage. L'économie réalisée sur le combustible n'est pas moins grande. En outre, l'opération est devenue plus salubre. Il n'y a plus de transport de matière brute à faire, les ouvriers n'ont plus à la manier à la coulée. Cette manipulation, si pénible et délétère dans l'ancien procédé, se fait sans que les ouvriers soient exposés aux vapeurs d'aniline. Enfin la pulvérisation de la matière arsénicale qui déterminait, malgré toutes les précautions prises, des ulcérations des ailes du nez, des lèvres et des organes respiratoires, se trouve supprimée.

Traitement par voie humide. — La matière brute, parvenue dans les tonneaux, est traitée par l'eau bouillante, à raison de 300 kilogrammes de matière brute pour 1,800 litres d'eau légèrement acidulée par 3 kilogrammes d'acide chlorhydrique. L'ébullition est entretenue au moyen de barbotteurs. Au bout de quatre à cinq heures, la dissolution est complète; on coule et on filtre à travers de grandes chausses en drap de laine dans de vastes réservoirs en tôle d'une capacité de 8 à 10 mètres cubes, où le liquide peut être aussi chauffé par des jets de vapeur. Chaque réservoir contient ainsi environ 1,000 kilogrammes de matière brute. Le produit de la filtration, qui ne renferme plus de matières insolubles dans l'eau, contient le rouge d'aniline à l'état de chlorhydrate, d'arsénite et d'arséniate de rosaniline, et, en outre une grande quantité d'acide arsénieux et arsénique. Il s'agit maintenant de transformer la totalité de la rosaniline en chlorhydrate de la même base et de séparer ce dernier de l'excès d'acide arsénique contenu dans la liqueur.

A cet effet, on ajoute au liquide, pour 200 kilogrammes de matière brute, 240 kilogrammes de sel marin par petites quantités à la fois. Il y a une double décomposition qu'on accélère par le barbottage de la vapeur, et il se forme du chlorhydrate de rosaniline d'un côté, et, de l'autre, de l'arsénite et arséniate de soude. Le chlorhydrate de rosaniline est insoluble dans une dissolution saline suffisamment concentrée; il se sépare donc et vient, en vertu de son moindre poids spécifique, se rassembler à la surface du liquide. On laisse refroidir, on recueille le chlorhydrate, et, au bout de quatre jours, on coule les eaux mères dans de grands réservoirs, où elles laissent déposer le peu de matière colorante qu'elles contiennent encore en suspension. Le chlorhydrate de rosaniline ainsi obtenu est lavé à l'eau bouillante en petites quantités, afin d'enlever le sel marin dont il est imprégné et la presque totalité de sels arsenicaux qu'il retient encore. Il peut être ensuite livré directement à la consommation; pour certains usages; cependant il est préférable de lui faire subir une cristallisation.

Cristallisation. — On dissout le chlorhydrate obtenu dans l'eau bouillante, on filtre et on laisse cristalliser. Par le refroidissement la liqueur abandonne les cristaux sur des tiges en laiton disposées dans les cristallisoirs. On obtient de cette façon des cristaux très-nets de chlorhydrate. Au fond du cristallisoir on trouve un précipité cristallin qui peut servir à la transformation en violet ou en bleu de rosaniline.

Remarquons, en terminant, que, dans tout le cours du traitement par voie humide, les ouvriers ne sont plus exposés, comme dans l'ancien procédé, aux vapeurs acides quelquefois chargées d'arsenic et à l'aniline entraînée. Cela tient à ce que, avant la coulée, on a enlevé mécaniquement, au moyen de la vapeur d'eau, la presque totalité de l'aniline non transformée, et qu'il n'y a plus d'ébullition de composés arsenicaux en présence d'une liqueur chlorhydrique concentrée. Dans ce procédé on n'opère qu'avec des liqueurs presque neutres. Il y a donc encore là un avantage évident au point de vue de l'hygiène.

§ 2. — Préparation de la rosaniline.

Le procédé que nous venons de décrire en détail ne permet d'obtenir la rosaniline qu'à l'état de chlorhydrate. Ce sel, quoique suffisamment pur pour être employé directement en teinture et en impression, ne peut satisfaire l'industrie en général. Une foule d'applications réclament des produits de qualité supérieure ne renfermant plus traces de matières arsenicales. Pour atteindre ce but, la préparation de la rosaniline libre devient nécessaire. Du reste, la production des dérivés

de cette substance exige souvent l'emploi de la base elle-
même ou bien d'un sel autre que son chlorhydrate.

Il existe plusieurs méthodes permettant d'obtenir la rosaniline à l'état cristallisé. Elles reposent toutes sur la facilité
avec laquelle les sels de cette base sont décomposés par une
solution d'alcali et sur la propriété remarquable que possède
la rosaniline d'être un peu soluble dans un excès de liqueurs
alcalines. Industriellement, on se sert d'une solution de soude
caustique, de chaux, quelquefois même d'ammoniaque.

Le chlorhydrate de rosaniline, dissous dans l'eau bouillante,
est décomposé par un excès de la solution alcaline également
bouillante. La quantité d'eau employée doit être suffisante
pour que la totalité de la rosaniline reste à l'état de dissolution. L'ébullition ayant été continuée pendant plusieurs heures,
on procède à la filtration, afin de séparer le peu de rosaniline précipitée. Par le refroidissement, la liqueur abandonne
de magnifiques cristaux presque incolores de rosaniline.

Ce procédé simple, d'une exécution facile, exige malheureusement, par suite du peu de solubilité de la rosaniline, une
très-grande quantité d'eau.

L'industrie ne devait pas être longtemps entravée par cette
difficulté. En effet, il lui suffit d'opérer la décomposition du
sel de rosaniline sous pression pour diminuer, non-seulement
la quantité d'eau employée *d'une façon considérable*, mais
encore pour accélérer notablement la marche de l'opération.

L'appareil qui sert à cette transformation est une grande
marmite autoclave d'une capacité de 1 ou 2 mètres cubes,
chauffée par de la vapeur circulant dans un double fond, et
semblable en tout point à celles employées en teinture pour
l'extraction des matières colorantes contenues dans les bois.

La dissolution s'opère sous une pression de deux à trois
atmosphères et dure quatre ou cinq heures. Si le sel de rosaniline employé est très-pur, on laisse refroidir la marmite et
on retire, au moyen d'un robinet placé à la partie inférieure
de l'appareil, une bouillie de cristaux qu'on recueille sur des

feutres. Au contraire, si le sel n'est pas pur, la liqueur bouillante doit être filtrée. A cet effet, l'appareil est muni d'un gros tube descendant jusqu'à sa partie inférieure et communiquant directement avec l'extrémité d'un vaste entonnoir renfermant une série de filtres maintenus par des disques en tôle perforée. La pression de la vapeur dans la chaudière détermine l'ascension du liquide, qui traverse les filtres et s'écoule dans les cuves où la rosaniline cristallise par le refroidissement.

§ 3. — Acétate de rosaniline.

Le mode général de préparation des sels de rosaniline ayant été indiqué déjà dans le rapport anglais de 1862, nous nous bornerons à décrire spécialement celui de l'acétate, dont la cristallisation exige le plus de soins.

Pour être transformée en acétate, il faut que la rosaniline soit, autant que possible, pure et cristallisée ; mais si on emploie de la rosaniline amorphe, elle devra provenir au moins d'un sel bien cristallisé. En outre, on aura soin de la débarrasser complétement de l'excès d'alcali ayant servi à sa préparation, de la sécher, de la pulvériser complétement et de la traiter par l'acide acétique. Cet acide doit être entièrement cristallisable, d'une pureté parfaite et exempt surtout d'acide sulfureux ou sulfurique. Enfin on évitera de se servir des eaux calcaires. Ces précautions observées, on introduit dans un appareil en fonte émaillée, chauffé au bain-marie ou par la vapeur, la rosaniline sortant de l'étuve. L'acide acétique est ajouté peu à peu, et le mélange agité avec soin, de façon à obtenir une masse homogène. La couleur rouge brique de la rosaniline est immédiatement remplacée par le reflet vert de cantharides, caractéristique des sels de rosaniline. Pour faciliter la combinaison, on chauffe pendant quelque temps à 60 ou 70 degrés. On verse alors rapidement l'eau bouillante sur la combinaison semi-fluide, et on maintient pendant quelques minutes le liquide à l'ébullition.

La dissolution coulée dans des cristallisoirs placés dans un endroit frais, à température constante, laisse déposer au bout de deux ou trois jours, par le refroidissement, des cristaux magnifiques.

Les meilleures proportions sont :

    Rosaniline........................ 100 kilog.
    Acide acétique cristallisable....   20 —

Pour dissoudre les 120 kilogrammes d'acétate de rosaniline, il faut ajouter 240 à 250 kilogrammes d'eau, qu'on aura eu soin de porter au préalable à l'ébullition. On obtient ainsi, en cristaux d'acétate, à peu près le poids de la rosaniline employée.

Il est facile de comprendre que, lors du mélange d'acide et de rosaniline, la chaleur doive être ménagée, l'acide acétique distillant facilement ; il en sera de même pour la dissolution de l'acétate dans l'eau, une ébullition prolongée entraînant une grande partie de l'acide et donnant naissance à des sous-sels qu'il est impossible de faire cristalliser.

L'acétate de rosaniline peut aussi être préparé en employant des sels de rosaniline impurs (arséniate, sulfate). Leur solution est décomposée, dans ce cas, par l'acétate de plomb. On obtient ainsi de l'acétate de rosaniline et de l'arséniate ou sulfate de plomb ; malheureusement il se forme une laque de plomb et de matière colorante qui diminue beaucoup les rendements. Ce procédé est donc moins avantageux que le précédent (1).

§ 4. — Chrysaniline.

Les sels de rosaniline sont presque toujours accompagnés d'une matière colorante jaune, la chrysaniline (2) ; elle se rencontre souvent même dans les cristaux, et peut, lors-

(1) Voir, pour les autres sels, le rapport anglais de 1862, p. 337, édition française, *Moniteur scientifique*.

(2) La composition de la chrysaniline est représentée par la formule :

$$C^{20}H^{17}N^3.$$

qu'elle devient trop abondante, empêcher leur cristallisation. Le mélange de ces deux matières colorantes fournit des nuances plus rouges que la rosaniline pure, dont les teintes tirent toujours sur le violet ; aussi l'industrie s'en est-elle rapidement emparée : il avait ainsi sa place toute marquée. On le trouve dans le commerce sous le nom de fuchsine jaune ; il est surtout employé pour la teinture en grenat, nuance qui s'obtient directement sur le tissus par l'action du bichromate de potasse et de l'ammoniaque.

Il existe deux procédés de séparation de la chrysaniline ; le plus usité, sur le continent, consiste à faire cristalliser le mélange des deux corps dans des solutions acides. La plus grande partie du sel de rosaniline se dépose, tandis que la chrysaniline, souillée encore par un peu de rosaniline, reste en dissolution dans les eaux mères qui sont saturées par du carbonate de soude, puis précipitées par le sel marin.

Pour purifier complétement la chrysaniline, le précipité est mis en contact avec du zinc et de l'acide chlorhydrique. Sous l'influence de l'hydrogène naissant, la rosaniline passe à l'état de leucaniline (1), qui se dissout en grande partie. On filtre et on répète ce traitement plusieurs fois. Le sel de chrysaniline est alors dissous dans l'alcool, filtré et précipité par un alcali.

En Angleterre, où le traitement de la matière brute diffère de celui que nous avons décrit et où la dissolution filtrée de la matière arsenicale brute dans l'eau bouillante est précipitée de suite par la chaux, la rosaniline se sépare directement de la solution alcaline à l'état cristallisé sans mélange de jaune, la chrysaniline restant avec le précipité calcique.

§ 5. — Traitement des résidus.

Les résidus provenant de la dissolution de la matière brute

(1) La rosaniline et ses dérivés se transforment sous l'influence des agents éducteurs, particulièrement la poudre de zinc, en bases incolores, appelées *leucaniliines*. Cette propriété a été utilisée dans l'impression des tissus pour faire des enlevages sur les fonds colorés par ces couleurs.

dans l'eau légèrement acidulée, sont solides et pulvérulents. Ils se composent d'une petite quantité de rosaniline à l'état de chlorhydrate, d'arsénite et d'arséniate, d'acide arsénieux, de matières colorantes jaunes, violettes, et enfin de produits ulmiques.

Il faut en accumuler une certaine quantité pour que leur exploitation devienne avantageuse. L'opération qu'on leur fait subir en vue d'extraire la rosaniline est en tout point semblable à celle que nous avons décrite lors du traitement de la matière brute qui les a fournis : épuisement par l'eau bouillante faiblement acidulée, décantation ou filtration, enfin précipitation de la dissolution par le sel marin.

Reste encore à dire quelques mots sur le traitement des résidus dont on a retiré tous les sels de rosaniline et dont on se propose de séparer les autres matières colorantes, qui prennent toujours naissance simultanément avec la rosaniline. Ces matières, au nombre de trois, ont reçu le nom de violaniline, mauvaniline, et chrysotoluidine. Pour extraire ces trois corps, les résidus épuisés, aussi bien que possible, sont traités par un excès d'une solution étendue et bouillante de soude caustique de manière à les débarrasser complétement des sels arsénicaux; on filtre, la masse insoluble est lavée à l'eau bouillante et séchée (1). Pour isoler les matières colorantes basiques des produits ulmiques, on a mis à profit la solubilité des premières dans l'éther, la benzine et principalement l'aniline.

La masse desséchée est dissoute dans de l'aniline et chauffée à 100 degrés; une simple filtration retient les corps ulmiques, tandis que la dissolution renferme toutes les matières colorantes. En saturant la solution anilique par un acide, chlorhydrique ou acétique, on précipite la violaniline; la mauvaniline et la chrysotoluidine étant solubles dans l'excès du sel, il suffit de filtrer pour recueillir, d'une part, la violani-

(1) G. de Laire et Ch. Girard, brevet d'invention pris le 21 février 1867, sous le n° 75101.

line et, d'autre part, les deux dernières substances. En étendant d'eau et ajoutant du sel marin à la liqueur, la mauvaniline est précipitée. Enfin une dernière filtration permet de la séparer de la chrysotoluidine restée en dissolution. En saturant le sel d'aniline par un alcali et distillant l'aniline au moyen de la vapeur d'eau, la chrysotoluidine se retrouve au fond de l'alambic.

· Dans cet état, les trois nouvelles matières colorantes ne sont pas encore complétement pures. On achève de les purifier par des dissolutions et par des précipitations successives.

Les sels de la mauvaniline sont solubles dans l'eau et teignent en magnifique violet-mauve, ceux de chrysotoluidine en jaune, enfin ceux de violaniline, qu'il faut dissoudre dans l'alcool, en bleu-noir présentant des reflets violacés. C'est depuis cette année seulement que l'industrie a tenté de tirer parti de ces nouvelles matières colorantes.

§ 6. — Traitement des eaux mères. Régénération de l'acide arsénique.

On donne le nom d'eaux mères aux liquides ayant servi à la dissolution du produit brut arsenical, et de laquelle on a précipité la matière colorante, soit par la soude, soit par le sel marin. Elles renferment généralement de grandes quantités d'arsénite et d'arséniate de soude, de chlorure de sodium et des sels organiques.

Inutile de faire remarquer combien leur composition les rend dangereuses et quel embarras, par conséquent, elles constituent pour les fabricants du rouge d'aniline.

Dès le début de cette industrie, qui consomme, dans certaines usines, plus de 1,000 kilogrammes d'acide arsénique par jour, les Conseils d'hygiène se sont préoccupés de remédier aux accidents que pouvait causer l'écoulement de ces eaux mères dans les cours d'eau, les rivières et les fleuves. Une des premières prescriptions exigeait qu'on les dirigeât dans des puits perdus ; mais quelques accidents démontrèrent biontôt l'inefficacité de cette mesure. On tenta alors de précipiter à l'état insoluble les acides arsénieux et arséniques existant dans ces liqueurs. On se servit à cet effet de lait de chaux, auquel on ajoutait souvent un sel de fer (sulfate ferreux). Cette seconde tentative n'eut pas plus de succès que la première. La double décomposition, malgré tout le soin qu'on peut y apporter, ne s'effectue jamais d'une façon complète ; elle est toujours entravée par la présence des sels organiques et ammoniacaux contenus dans les eaux mères.

Il fallut donc encore abandonner ce procédé et en trouver un plus efficace.

La seule méthode qui ait, jusqu'à présent, donné, au point de vue hygiénique, une solution radicale du problème, consiste à évaporer les eaux mères. Les frais que cette opération entraîne pourraient être atténués par la vente du mélange des sels arsenicaux aux fabricants d'acide arsénieux ou arsénique. Si l'on n'adopte pas ce procédé, il ne reste plus qu'à réduire les eaux mères à un volume moindre et à les jeter dans l'océan.

Dans ces derniers temps, on a essayé de régénérer directement l'acide arsénique contenu dans ces liqueurs, soit libre, soit combiné à la soude. Pour atteindre ce résultat, il suffit d'évaporer les eaux mères en présence d'une quantité d'acide chlorhydrique ou sulfurique équivalente à la soude combinée aux acides arsenicaux. Par des évaporations et cristallisations successives, on obtient, d'une part, les sels de soude correspondant à l'acide employé, et de l'autre une solution d'acide arsénique. Ces tentatives faites sur une petite échelle n'ont pas encore été consacrées par la pratique. Les difficultés que nous venons de signaler, résultant des propriétés toxiques de l'acide arsénique, font désirer qu'on trouve bientôt un autre réactif pour la transformation de l'aniline en matières colorantes. Du reste, malgré les avantages qu'il présente au point de vue de l'économie, ses inconvénients ont empêché qu'il ne remplaçât complétement les agents primitivement employés

En Allemagne, par exemple, quelques fabricants, parmi lesquels nous citerons M. Jordan (de Berlin), se servent encore du nitrate mercureux. D'après les renseignements que nous avons recueillis, ce réactif, employé dans des conditions convenables, donnerait les mêmes rendements que l'acide arsénique. Par ce procédé, on retrouve à la fin de l'opération, non-seulement le mercure à l'état métallique, mais encore l'acide nitrique sous forme de nitrate de chaux. Le produit que M. Jordan livre au commerce sous le nom de rubis, exempt d'arsenic, est assez recherché.

CHAPITRE V.

MATIÈRES COLORANTES DÉRIVÉES DE LA ROSANILINE.

—

§ 1. — Matières bleues et violettes obtenues par phénylation.

Le bleu d'aniline figurait à l'Exposition de 1862 : il était, dès cette époque, largement exploité dans l'industrie. Ce fait qu'il dérive de la rosaniline, par la substitution de trois équivalents de phényle ou de toluyle, à trois atomes d'hydrogène, fait capital et qui contient toute son histoire scientifique, se trouve déjà relaté dans le rapport anglais de cette époque. Depuis, on a reconnu que les substances violettes qui se produisent en même temps que la rosaniline triphénylique ou tritoluylique, ne sont pas de simples mélanges de rouge et de bleu, mais bien des corps définis, correspondant à des degrés intermédiaires de phénylation ou de toluylation. Nous nous bornerons à indiquer les procédés rationnels qui permettent de fabriquer ces diverses couleurs, et, comme le bleu ou rosaniline triphénylique est de beaucoup la plus importante, nous commencerons par décrire celui qui sert à l'obtenir.

1° *Bleu.* — Dans la préparation du bleu, comme dans celle du rouge, la nature de l'aniline commerciale, les proportions de phénylamine et de toluylamine (1) qu'elle renferme exercent une influence notable sur le produit qu'on obtient. Avec une aniline commerciale, riche en phénylamine, le bleu est surtout constitué par la rosaniline triphénylique ; il contient, au contraire, plus de rosaniline tritoluylique, lorsque c'est la toluylamine qui est en plus grande quantité. Les rosanilines triphénylique et tritoluylique n'ont point exactement les mêmes solubilités ; elles possèdent des nuances différentes, et généralement on préfère celle de la rosaniline triphénylique : la pratique a démontré de plus que la phénylamine transformait la rosaniline en bleu, plus rapidement qu'une aniline commerciale contenant beaucoup de toluylamine ; le produit, dans le premier cas, se purifie plus facilement et exige des traitements moins nombreux, pour donner un bon résultat, que dans le second.

Il faut donc employer de l'aniline aussi pure que possible ; celle qui a distillé dans la préparation du rouge, et qu'on connaît sous le nom d'échappés, convient parfaitement pour la fabrication du bleu, lorsqu'elle a été au préalable convenablement rectifiée. (Voir *Préparation de la rosaniline*, page 242.)

La théorie ne fournit aucune indication sur l'espèce des sels de rosaniline qui doivent être employés de préférence

---

(1) L'action de l'aniline sur la rosaniline est exprimée par les équations suivantes :

$$C^{20} H^{21} N^3 O + C^6 H^7 N = C^{20} H^{20} (C^6 H^5) N^3 O + H^3 N$$

Rosaniline.   Aniline.   Rosaniline monophénylique   Ammoniaque.
(violet rouge).

$$C^{20} H^{20} (C^6 H^5) N^3 O + C^6 H^7 N = C^{20} H^{19} (C^6 H^5)^2 N^3 O + H^3 N$$

Rosaniline monophénylique   Aniline.   Rosaniline diphénylique   Ammoniaque.
(violet rouge).   (violet bleu).

$$C^{20} H^{19} (C^6 H^5)^2 N^3 O + C^6 H^7 N = C^{20} H^{18} (C^6 H^5)^3 N^3 O + H^3 N$$

Rosaniline diphénylique   Aniline.   Rosaniline triphénylique   Ammoniaque.
(violet bleu).   (bleu).

pour obtenir le bleu, mais l'expérience a prouvé que le choix n'était point indifférent. En général, les sels à acides organiques se prêtent mieux à la substitution que les sels à acides minéraux.

L'acétate, le valérianate, le benzoate de rosaniline sont, de tous, les plus généralement employés. Il est toujours facile d'arriver à n'opérer la phénylation que sur ces sels, sans être cependant pour cela obligé de les préparer préalablement. Il suffit d'ajouter au mélange d'aniline et du sel de rosaniline choisi, de l'acétate de soude, du valérianate de soude, etc., ou de l'acide acétique, benzoïque, valérianique.

Relativement aux proportions suivant lesquelles on doit faire réagir l'aniline sur le sel de rosaniline, la pratique industrielle a montré qu'il convenait, pour assurer la régularité des opérations, de modifier les quantités indiquées par la théorie. On doit, en effet, employer des poids d'aniline triples environ de ceux qui seraient, d'après le calcul, suffisants pour phényler complétement la rosaniline employée. En effet, pour passer à l'état de rosaniline triphénylique, 301 (1 molécule) de rosaniline exigent 279 (3 molécules) d'aniline, ou 100 grammes de rosaniline, 92.6 d'aniline, et industriellement on prend de 2 à 3 kilogrammes d'aniline pour 1 kilogramme de rosaniline.

Cet excès d'aniline, qui peut sembler énorme au premier abord, a deux effets également utiles : premièrement, il permet d'obtenir une dissolution parfaitement fluide, une masse tout à fait homogène pendant toute la durée de la réaction, et, en second lieu, de maintenir une température constante dans l'intérieur de l'appareil, et d'autant plus voisine du point d'ébullition de l'aniline que la quantité de cette substance est plus considérable.

On doit, à la fin de l'opération, retrouver un peu plus de la moitié de l'aniline mise en réaction. Le fabricant qui négligerait de la recueillir augmenterait beaucoup ses prix de revient. De là la nécessité d'opérer dans un appareil distillatoire, ou

mieux, dans un appareil muni d'un cohobateur bien or-
ganisé.

Ces observations préliminaires faites, nous donnerons la
description du procédé qui sert à fabriquer le bleu ; il comprend deux parties essentiellement différentes. Dans la première on phényle la rosaniline, et dans la seconde on purifie
le résultat de cette phénylation.

Phénylation de la rosaniline. — L'appareil dont on se sert
est une cornue en fonte émaillée, d'une capacité d'environ
20 litres, qu'on chauffe dans un bain de paraffine. Elle se compose de deux pièces, le col et le cylindre, réunies au moyen
de vis de pression. Le col de la cornue doit être assez élevé,
afin de faciliter la cohobation de l'aniline. Quelques fabricants
lui adaptent même un cohobateur pour maintenir le même excès d'aniline jusqu'à la phénylation complète du sel de rosaniline. La cornue est munie d'un agitateur mécanique dont l'axe
se meut dans un tube permettant de faire passer un courant
de vapeur.

On introduit dans cet appareil :

> Acétate de rosaniline, 5 kilogrammes ;
> Aniline, 10 kilogrammes.

On chauffe, et l'on s'assure, au moyen d'un thermomètre qui
plonge dans la cornue, que la température reste voisine de
190°. L'opération dure environ deux heures. Au moyen de
prises d'essai successives, on s'assure de sa marche et du moment où elle est enfin terminée. Un artifice commode consiste
à plonger une baguette dans la cornue ; on la retire et on fait
avec elle un trait sur une assiette de porcelaine ; on ajoute
alors une goutte d'un mélange d'acide acétique et d'alcool. La
trace doit être parfaitement bleue, et d'un bleu pur. S'il y a
une auréole rouge trop prononcée, l'opération n'est pas encore
terminée ; si cette auréole, au lieu d'être d'un rose vif et franc,
présente une teinte fauve, brune ou gris verdâtre, l'opération

a été poussée trop loin pour obtenir un bon bleu. Ces essais permettent à l'opérateur dont l'œil est un peu exercé d'apprécier assez exactement le degré d'avancement de la réaction, et le laissent maître de l'arrêter au point qui correspond à la nuance cherchée. Dans une opération bien faite, et avec de bonnes proportions, le bleu doit rester dissous dans l'excès d'aniline, et la réaction terminée, la masse doit se présenter sous la forme d'une matière à peine fluide, mais parfaitement homogène. On enlève alors la cornue au moyen de poulies, et on défait les vis qui fixent le chapiteau de la cornue sur la chaudière, de manière à pouvoir couler le contenu de celle-ci.

Purification. — Le produit de l'opération que nous venons de décrire est traité différemment, suivant la qualité des produits commerciaux qu'il s'agit de préparer. Ils sont en très-grand nombre, mais ils peuvent tous se ramener à trois catégories bien tranchées :

Bleus directs ;

Bleus purifiés ;

Bleus lumière.

Bleus directs. — Pour cette espèce, le traitement de la masse brute est des plus simples. Il se réduit à séparer du bleu formé l'excès d'aniline. Pour cela deux moyens : l'un qui consiste à l'entraîner mécaniquement par la vapeur d'eau ; l'autre à l'enlever par des lavages méthodiques aux acides dilués. Le produit peut alors être livré directement au commerce.

Bleus purifiés. — Plusieurs méthodes permettent de l'obtenir ; la masse brute résultant de la phénylation est additionnée d'alcool. Elle est ensuite coulée par petits filets dans de l'eau acidulée par l'acide chlorhydrique. Il se forme alors du chlorhydrate d'aniline qui reste dissous dans la liqueur en même temps que l'excès de rosaniline non complétement phénylée, tandis que le bleu se précipite. On le recueille alors sur un filtre, et on le lave plusieurs fois à l'eau bouillante acidulée, pour enlever des matières brunes et fauves et ce qui peut rester encore de sels d'aniline et de rosaniline. Toute l'efficacité de cette méthode provient, on le voit, d'abord du grand état de division auquel on amène le bleu, et ensuite de la propriété que les solutions aqueuses faiblement alcoolisées, mais contenant beaucoup de sels d'aniline, ont de dissoudre toutes les matières étrangères qui l'accompagnent.

Bleus lumière. — On appelle bleu lumière un bleu tout à fait privé de violet et qui conserve aux rayons de la lumière artificielle une nuance franchement bleue. Ce n'est autre chose qu'un sel de rosaniline triphénylique parfaitement pur. Pour l'obtenir on prend un bon bleu purifié, tel qu'il résulte du traitement précédent. Après quelques lavages à l'alcool chaud, on dissout le résidu réduit en poudre fine dans l'alcool bouillant. On filtre cette dissolution. A la liqueur claire on ajoute de l'ammoniaque, ou mieux une dissolution alcoolique de soude caustique. Tout le bleu se précipite à l'état de base. Lorsque l'alcool ammoniacal ou sodique est complétement refroidi, on recueille sur un filtre la rosaniline triphénylique. Elle est lavée à l'eau bouillante une fois ou deux, puis traitée par la quantité nécessaire de l'acide dont on veut former le sel. On voit que cette marche est extrêmement simple; elle donne des résultats satisfaisants.

On a employé et on emploie encore un autre procédé plus compliqué. On dissout, en se servant de cornues émaillées à double fond, le bleu purifié dans un mélange d'alcool et d'acide chlorhydrique. On porte ce liquide à l'ébullition; une partie de l'alcool distille, on laisse alors refroidir. Comme le chlorhydrate de rosaniline triphénylique pur est moins soluble que les mêmes sels des autres matières qui l'accompagnent, c'est lui qui se dissout le dernier et se dépose le premier.

On sépare du liquide le bleu qui s'est déposé. En répétant ce traitement plusieurs fois, on arrive à avoir le bleu assez pur.

Dans ces derniers temps ont s'est attaché à diminuer autant que possible les quantités d'alcool nécessitées par les méthodes précédentes, en le remplaçant en partie et même en totalité par l'aniline. La moindre volatilité de cette dernière rend son emploi plus économique.

Les eaux-mères de tous les traitements successifs de purification doivent être rassemblées et conservées avec soin. Elles contiennent du chlorhydrate d'aniline, des matières colorantes rouges, violettes, marronnes, jaunes. Dans le cas où l'on a employé l'acide benzoïque, on le retrouve également dans ces eaux. On les distille dans un alambic sur de la chaux. L'alcool passe d'abord, puis l'aniline est entraînée mécaniquement par la vapeur d'eau, et il reste dans l'alambic un résidu de benzoate de chaux et des matières colorantes.

Bleus solubles. — La rosaniline triphénylique forme, comme l'a observé M. Nicholson, avec l'acide sulfurique un véritable acide conjugué semblable à l'acide sulfindigotique et qui est très-soluble dans l'eau, même froide.

Pour le préparer on prend :

Sulfate de rosaniline triphénylique... 100 kilogrammes.
Acide sulfurique ordinaire......... 400 —

On chauffe ce mélange pendant une heure et demie environ, en ayant soin de ne pas dépasser une température de 140 ou 150°. On laisse alors refroidir, et on ajoute de l'eau environ huit à dix fois le poids de l'acide employé. Il faut verser l'eau petit à petit dans la dissolution sulfurique du bleu, qu'on agite constamment. Le bleu se précipite ainsi à l'état très-divisé ; on le recueille sur un filtre, et on le lave jusqu'à ce que les eaux commencent à se colorer en bleu, ce qui indique que la masse n'est plus acide : car l'acide sulfoconjugué bleu est insoluble dans une eau acide ; puis on le sèche, au moyen d'une turbine, d'une essoreuse, ou en le laissant égoutter. On introduit le précipité sec dans un vase en fonte émaillée, où ajoute un léger excès d'ammoniaque, et on chauffe. Le sel coloré vient surnager à la surface en masse dorée ; on la recueille, on la concasse, et après qu'elle a été séchée et pulvérisée, elle est prête à être livrée au commerce (1).

§ 2. — Violets phényliques.

Violets phényliques. — Jusqu'ici nous n'avons parlé que de la rosaniline triphénylique (bleu de rosaniline) ; nous n'aurons que peu de chose à ajouter à ce qui précède pour les produits incomplétement substitués : la rosaniline mono et diphénylique, mono et ditoluylique. Jusqu'à présent elles n'ont point été industriellement séparées ni isolées, faute d'une méthode suffisamment précise. Les substances qui, dans le commerce, portent le nom de violet impérial rouge, de violet impérial bleu, sont des mélanges de rosaniline, de rosaniline monophénylique, diphénylique et triphénylique, dans lesquels dominent pour la première les termes inférieurs de phénylation, et pour la deuxième les termes supérieurs.

Il n'existe pas de procédé bien distinct, à proprement parler, pour produire chacune de ces deux espèces de violets ; il n'est donc par rare que des opérations commencées dans le but d'obtenir du violet rouge aient fini par donner du violet bleu. On se sert pour la préparation des violets phényliques des mêmes appareils que pour la fabrication du bleu ; la manière d'opérer est en tout semblable à celle que nous avons indiquée pour cette substance, avec cette différence que la proportion d'aniline employée pour phényler un certain poids de rosaniline est beaucoup moindre lorsqu'il s'agit d'obtenir le

(1) D'après des recherches récentes, l'acide sulfo-conjugué de la rosaniline triphénylique et ses sels ont la composition suivante :

Acide $C^{20} H^{10} (C^6 H^5)^3 N^3, (H^2 SO^4)^2 H^2 SO^4,$

Sel de sodium $C^{20} H^{10} (C^6 H^5)^3 N^3, (H^2 SO^4)^3 Na^2 SO^4.$

Sel de barium $C^{20} H^{10} (C^6 H^5)^3 N^4, (H^2 SO^4)^3 Ba SO^4$

violet que quand on veut arriver au bleu. De plus, la durée de l'opération est bien plus courte.

La découverte des monamines secondaires des séries phé-nylique et toluylique (1), et de procédés permettant de les préparer facilement, ont suggéré l'idée de fabriquer le bleu de rosaniline en oxydant un mélange de diphénylamine et de phényltoluylamine (2). La matière colorante bleue ainsi formée est purifiée par des moyens analogues à ceux que nous venons de rapporter. Ce procédé commence à être exploité indus-triellement.

Le progrès accompli dans la fabrication des bleus et des violets phényliques se traduisent moins par l'abaissement des prix de revient, abaissement important, mais qui dépend sur-tout de la diminution de valeur des matières premières, que par une amélioration considérable dans la nuance de ces sub-stances. Elle est due aux appareils employés dans cette fabri-cation et à la connaissance de la véritable nature de la réac-tion, qui a permis au fabricant de combiner d'une manière plus rationnelle les procédés de production et de purification des bleus et violets de rosaniline.

Matières violettes obtenues par méthylation et éthylation. — Les recherches scientifiques qui établirent la réelle con-stitution du bleu ne servirent pas seulement, comme nous ve-nons de l'exposer, à faire progresser cette fabrication spé-ciale, elles eurent encore ce résultat de conduire à la décou-verte, et ensuite à la production industrielle de nouvelles matières colorantes non moins belles, non moins importantes que les précédentes. Nous trouvons là encore un exemple des avantages que l'industrie peut tirer de la solution d'un problème

(1) Ch. Girard et G. de Laire, brevet du 21 mars 1866, n° 70,870.
(2) L'équation suivante rend compte de cette réaction :

$$C^{12} H^{11} N + 2C^{13} H^{13} N + 3O = C^{20} H^{18} (C^6 H^5)^3 NO + 2H^2O.$$

Diphényla- Phényltoluy-   Rosaniline triphénylique.
mine.   lamine.

puroment théorique. L'analyse bien faite du bleu, en montrant qu'il dérivait de la rosaniline par un procédé de substitution qu'on n'avait pas encore employé (phénylation par l'aniline (1), faisait naître immédiatement l'idée de soumettre cette base aux procédés de substitution ordinairement employés en chimie. On fit donc réagir sur elle les iodures de méthyle, d'éthyle, et en général les iodures et les bromures à radicaux alcooliques, et, de cette façon, furent engendrées les rosanilines méthyliques, etc., qui portent dans le commerce le nom générique de violets Hofmann (2).

La première condition de l'exploitation de ces nouvelles réactions était la production en grand de l'iodure de méthyle ou d'éthyle, substances depuis longtemps connues comme des réactifs précieux, mais qui n'avaient jamais été utilisées dans l'industrie. Les quelques difficultés qui se rencontrèrent au début furent rapidement levées par la pratique journalière. Aujourd'hui la préparation de ces iodures s'exécute sans peine et sans danger (3).

On distingue dans le commerce deux espèces de violets Hofmann : un violet rouge et un violet bleu. Leurs modes de préparation sont sensiblement les mêmes ; il n'y a d'autres différences importantes que dans les proportions des réactifs employés.

(1) Voir la note de la page 232.
(2) Hofmann, patente anglaise du 24 mai 1863. Brevet français du 11 juillet.
(3) Procédé de préparation de l'iodure d'éthyle :

On introduit dans un grand alambic en fonte émaillée, chauffé au moyen d'un double fond et communiquant avec un réfrigérant dont le serpentin est en cuivre rouge :

$$\begin{array}{ll} \text{Alcool} & \text{60 kilog.} \\ \text{Phosphore rouge} & \text{10 —} \\ \text{Iode} & \text{100 —} \end{array}$$

L'iode et l'alcool sont mis ensemble, et le phosphore rouge est ajouté par petites parties. On laisse le tout en contact quarante-huit heures et on distille. Lors de l'introduction du phosphore rouge, si la réaction devient trop tumultueuse, un gros robinet placé au-dessus de l'alambic permet de verser sur ce dernier une grande quantité d'eau.

Les rendements obtenus ainsi sont sensiblement égaux à ceux indiqués par la théorie.

Lorsqu'on n'opère qu'à la pression ordinaire, l'appareil dont on se sert est un alambic chauffé à la vapeur au moyen d'un double fond. Afin que l'iodure de méthyle ne l'attaque pas, il doit être en cuivre rouge. Il communique d'un côté avec un serpentin, de l'autre avec un appareil à cohober. Au moyen de robinets convenablement disposés, on peut établir ou interrompre à volonté les communications entre l'alambic et le cohobateur, l'alambic et le serpentin. Un trou d'homme permet de charger l'appareil ou de le nettoyer, et un tube en cristal placé entre l'alambic et le cohobateur donne la possibilité de surveiller la condensation, et, par suite, la manière dont l'opération se comporte.

1° Pour faire le violet rouge on prend :

Rosaniline....................	10 kilogrammes.
Alcool........................	100 litres.
Iodure de méthyle ou d'éthyle...	10 kilogrammes.
Hydrate de potasse ou de soude.	10 —

On chauffe deux heures environ.

2° Pour le violet bleu on prend :

Rosaniline....................	10 kilogrammes.
Alcool........................	100 litres.
Iodure de méthyle............	20 kilogrammes.
Hydrate de potasse ou de soude.	10 —

Nous indiquons ces dosages, dont la pratique a confirmé l'excellence, mais il est évident qu'il peut y en avoir beaucoup d'autres. Ces proportions correspondent à peu près, pour le numéro 1, à 2 molécules d'iodure d'éthyle pour 1 de rosaniline ; pour le numéro 2, à 4 molécules d'iodure de méthyle pour 1 de rosaniline. Avec l'iodure de méthyle, on obtient à quantités égales un produit plus bleu et dont la solubilité dans l'eau est plus grande que lorsqu'on s'est servi de l'iodure d'éthyle. Si l'on pousse l'action de l'iodure de méthyle sur la rosaniline jusqu'à ses dernières limites, il se forme une matière bleu verdâtre qui a été utilisée récemment par la teinture pour produire des nuances vertes, et dont nous parlerons au paragraphe concernant les verts dérivés de la rosaniline.

La matière colorante qui résulte de l'exécution du procédé que nous venons de décrire est un iodhydrate d'éthyl ou de méthyl-rosaniline. Pour la purifier, on distille les iodures alcooliques et l'alcool qui sont en excès. On la soumet ensuite à plusieurs lavages à l'eau bouillante, afin d'enlever l'iodure de potassium formé, ainsi que l'excès de potasse caustique. Lorsqu'elle est complétement lavée, on la reprend par l'acide dont on veut obtenir le sel. Les sels de méthyl ou d'éthyl-rosaniline (1) sont tous solubles dans l'alcool, l'esprit de bois, l'acide acétique, les acides minéraux. Un très-grand nombre, particulièrement le chlorhydrate, l'acétate, sont solubles dans l'eau pure. Un excès de sel marin, de sulfate de soude, ou, en général, d'un sel neutre quelconque, les précipite de leurs dissolutions aqueuses. Les iodhydrates de méthyl-rosaniline, d'éthyl-rosaniline sont insolubles ou très-peu solubles dans l'eau, soit à froid, soit à chaud.

Aujourd'hui la teinture exige que les sels qu'on lui livre soient solubles dans l'eau ; mais au début de la production de ces matières, elle se contentait de substances solubles dans l'alcool seulement. Les fabricants de couleurs d'aniline trouvaient plus avantageux de vendre l'iode, qu'ils laissaient dans leurs produits et qui avait un poids considérable, au prix de l'éthyl-rosaniline. L'iode valait à cette époque 24 à 28 francs le kilogramme, tandis que la matière colorante se vendait 800 francs le kilogramme. C'est ce qui explique pourquoi, lors de leur apparition dans l'industrie, les violets méthyliques ou éthyliques étaient généralement insolubles dans

---

(1) Parmi les sels de méthyl et d'éthyl-rosaniline, il y en a deux qui sont remarquables par la facilité avec laquelle ils cristallisent. Ce sont précisément les deux iodhydrates qui ont les formules suivantes :

$C^{20} H^{16} (C H^3)^3 N^3, H I$ iodhydrate de triméthyl-rosaniline.
$C^{20} H^{18} (C^2 H^5)^3 N^3, 9 H I$ iodhydrate de triéthyl-rosaniline.

l'eau. Maintenant, au contraire, par des traitements alcalins convenablement exécutés, on a soin de transformer la totalité de l'iode en iodure alcalin, qu'on recueille et d'où l'on peut ensuite retirer l'iode.

M. Perkin, en 1865, a proposé de remplacer les iodures de méthyle ou d'éthyle pour la fabrication des violets par une solution alcoolique de bromure de thérébène.

C'est ici le lieu de mentionner une matière colorante violette qui a fait son apparition dans l'industrie au mois d'août 1866, et qui figure à l'Exposition sous le nom de violet de Paris. Ce violet, par la manière dont il se comporte en teinture, par ses réactions, par ses propriétés chimiques, sa solubilité dans les divers dissolvants, ne se différencie en rien des violets éthyliques ou méthyliques. D'après MM. Poirrier et Chappat, il est fabriqué de la manière suivante : on commence par remplacer de l'hydrogène substituable dans l'aniline commerciale par de l'éthyle ou du méthyle. Le résultat est de la méthyl ou de l'éthyl-aniline qu'on traite par un des nombreux agents, le bichlorure d'étain entre autres, qui servent à transformer l'aniline en rosaniline; le produit obtenu est le violet de Paris (1). Les différences qui existent entre ce procédé et celui au moyen duquel on fabrique la méthyl et l'éthyl-rosaniline ne sont pas de nature à exclure l'identité des produits préparés en les exécutant l'un et l'autre (2).

Comme on le voit, le procédé breveté de MM. Poirrier et Chappat est double. Il comprend, d'une part, la fabrication des dérivés éthyliques et méthyliques de l'aniline, et, de l'autre, la transformation de ces monamines secondaires en matières colorantes violettes. La méthode qu'ils ont adoptée

(1) Poirrier et Chappat, brevet du 16 juin 1866.

(2) On sait en effet que, antérieurement au brevet de MM. Poirrier et Chappat, on était parvenu, en oxydant un mélange de diphénylamine et de ditoluylamine, à reproduire la rosaniline phénylique. Cette réaction est de même ordre que celle indiquée par MM. Poirrier et Chappat. Il est donc probable que l'oxydation d'un mélange de méthyl-aniline et de méthyl-toluydine doit donner de la rosaniline triméthylique.

pour produire la méthyl et l'éthyl-aniline est celle qu'avait indiquée M. Bertholot (1) pour produire d'une manière générale les monamines à radicaux alcooliques. C'est un nouvel exemple du passage des méthodes scientifiques dans l'industrie ; et, chose remarquable, de toutes celles qui avaient été employées pour la préparation des alcalis méthyliques et éthyliques, celle-ci, qui semblait la moins pratique dans le laboratoire, est la seule qui soit devenue industrielle.

La publication de ces procédés a donné lieu à une réclamation de la part de M. Lauth (2), qui a fait remarquer que, dès février 1861, M. E. Kopp (3) avait appelé l'attention des chimistes sur les nuances de plus en plus violettes des produits de substitution méthyliques et éthyliques du rouge d'aniline, et que lui-même (4) avait obtenu, en juillet de la même année, un très-beau violet par l'oxydation de la méthyl-aniline, au moyen d'un des agents qui servent à tranformer l'aniline en rouge.

§ 3. — Vert d'aniline.

Il y a deux espèces de vert d'aniline : le vert obtenu par l'action de l'aldéhyde sur la solution sulfurique de la rosaniline, et le vert qui résulte de l'action de l'iodure de méthyle sur la rosaniline. Nous parlerons successivement de chacun d'eux en suivant l'ordre chronologique.

Vert à l'aldéhyde. — Le vert d'aniline fut breveté en octobre 1862 pour M. Usèbe, mais sa découverte est antérieure de quelques mois. Elle est due à un concours de circonstances assez curieux pour mériter d'être rapporté, bien qu'il ne soit pas sans exemple dans l'histoire des développements des arts

(1) Bertholot, *Production des alcalis éthyliques et méthyliques par le chlorhydrate d'ammoniaque. (Ann. de chim. et de phys.. 3e série, tome XXXVIII, page 63.)*
(2) Lauth, *Moniteur scientifique.* Décembre 1866, page 1082.
(3) E. Kopp, *Comptes rendus,* 25 février 1861; t. LII, page 363.
(4) Lauth, *Moniteur scientifique.* Juillet 1861, page 336.

et des sciences. Le récit qui va suivre nous a été fait par l'auteur même de la découverte.

Un teinturier s'occupait, comme tous ses confrères à cette époque, des couleurs d'aniline. Il étudiait, entre autres, une réaction qui venait d'être signalée par M. Lauth à la fin de 1861 : celle de l'aldéhyde sur la solution sulfurique du rouge d'aniline. Dans cette réaction, il se .produit une matière qui colore ses dissolutions en bleu, extrêmement fugace. M. Lauth avait renoncé à utiliser pratiquement cette matière colorante. C'est précisément le bleu qui se produit dans ces circonstances que M. Cherpin cherchait à appliquer sur la soie ou la laine, mais sans succès. Ses essais infructueux se renouvelaient sans cesse, épuisant sa bourse, mais non sa patience; il n'abandonnait point la partie. Un jour cependant, découragé par le peu de réussite des dernières expériences sur lesquelles il avait fondé les plus grandes espérances, il était sur le point de renoncer à la conquête de ce bleu insaisissable, lorsque l'idée lui vint d'aller confier ses peines à un vieil ami, un photographe. Chagrin raconté est à moitié passé, dit le proverbe. Cherpin allait l'éprouver, et recevoir la récompense de sa foi persévérante et de sa confiance dans la vertu consolatrice de l'amitié. Il trouve le photographe, son ami; il lui fait part de l'objet de toutes ses préoccupations, de ses recherches et de ses tentatives malheureuses. — Fixer le bleu, est-ce là toute la difficulté ? dit le photographe ; mais c'est la chose du monde la plus simple. Vous n'avez donc pas essayé l'hyposulfite de soude? — L'hyposulfite de soude? Mon Dieu, non! est-ce qu'il fixera ma couleur? — Mais certainement; l'hyposulfite de soude est le fixateur par excellence, et quand nous voulons fixer quelque chose en photographie, c'est toujours lui que nous employons.

La foi ne se donne pas, mais heureux ceux qui la possèdent! Cherpin essaya l'hyposulfite de soude; et quelles ne furent pas sa joie et son admiration pour la science chimique de son ami, lorsqu'il vit que son bleu s'était métamorphosé en un vert splendide et cette fois parfaitement stable. Nous n'avons pas besoin d'ajouter que, dans ce cas, la manière d'agir de l'hyposulfite de soude est tout à fait différente de son action photographique, et que l'une ne pouvait en aucune façon faire prévoir l'autre.

Cette petite histoire contient sa moralité : elle montre, suivant nous, non pas l'effet du hasard, ceci ne serait que banal ; car quelle est donc la découverte à laquelle le hasard n'a pas plus ou moins contribué, mais la puissance de la volonté, le pouvoir de la persévérance. Le hasard ne sert que deux espèces de personnes : celles assez instruites ou douées de facultés assez éminentes pour l'épier, le faire naître, le saisir et en profiter ; et celles qui, par la patience, la persévérance, la volonté, le forcent à leur être utile avec l'aide du temps.

M. Usèbe perfectionna la découverte de M. Cherpin et la rendit industrielle. Le vert produit par son procédé est fort beau et à été rapidement adopté par l'industrie de la teinture et de l'impression. Mais, malgré les efforts de M. Usèbe, de Paris, et surtout de M. Müller, de Bâle, il n'a pas pu devenir l'objet, comme le rouge ou le bleu d'aniline, d'une grande industrie chimique.

Cela tient à ce que la couleur, préparée depuis un certain temps, perd de sa fraîcheur et finit par se détruire. La plupart des teinturiers préparent donc eux-mêmes le vert qui est nécessaire à leur consommation, et ils ne le fabriquent qu'au fur et à mesure de leurs besoins.

Chaque teinturier a des proportions qu'il emploie de préférence.

La recette suivante est très-employée :

Rouge d'aniline........................	300 grammes.
Mélange formé de trois parties d'acide sulfurique et d'une partie d'eau.........	900 —
Aldéhyde.............................	450 —

L'aldéhyde doit être ajoutée petit à petit dans la dissolution froide de sulfate de rosaniline. Lorsque tout est versé, on chauffe au bain-marie, jusqu'à ce que la masse soit bien homogène ; on retire de temps en temps avec une baguette en verre une goutte du mélange, que l'on jette dans de l'eau légèrement acidulée. Dès que l'on obtient une belle dissolution bleu verdâtre, on arrête la réaction.

On verse alors le tout dans 60 litres d'eau bouillante contenant en dissolution 900 grammes d'hyposulfite de soude cristallisé ; on fait bouillir le mélange quelques minutes au moyen d'un jet de vapeur, et on filtre.

Tout le vert reste dans la dissolution, tandis que sur le filtre on a une espèce de matière colorante bleu grisâtre. Cette dissolution de vert préparée comme il vient d'être expliqué constitue un excellent bain de teinture pour la soie ou la laine, à condition d'être employée de suite. Certains fabricants de vert d'aniline emploient des proportions un peu différentes.

Ils dissolvent 1 kilogramme de sulfate de rosaniline pur et cristallisé dans 2 kilogrammes d'acide sulfurique ayant un poids spécial de 1.63 à 66° Baumé additionné de 500 grammes d'eau. Lorsque la dissolution est bien homogène, ils ajoutent 4 litres d'une solution alcoolique concentrée d'aldéhyde en trois ou quatre fois. Au bout d'une demi-heure, la réaction est à peu près complète ; on verse alors le mélange dans 100 litres d'eau contenant en dissolution 4 kilogrammes d'hyposulfite de soude ; on fait bouillir environ dix minutes ; on filtre la liqueur pour séparer le bleu gris du vert, qui passe dans la dissolution.

Pour précipiter le vert, on peut employer l'acétate de soude et le tanin ; on obtient ainsi un précipité qu'on peut sécher, mais qui se vend plus communément en pâte. L'impression seule en fait usage.

La plus grande incertitude règne encore sur la constitution chimique du vert d'aniline. Il est permis d'espérer la voir cesser bientôt. Le vert d'aniline est maintenant un produit industriel qui se fabrique en grand, et qui se purifiera de plus en plus. Après avoir posé un problème à la science sans lui donner les éléments nécessaires pour le résoudre, l'industrie travaille à combler cette lacune, et tout nous autorise à croire qu'elle est prête à y parvenir.

Vert à l'iodure d'éthyle. — Lorsqu'on traite par l'eau bouillante les violets méthyliques et éthyliques, une substance bleu verdâtre reste dans la dissolution. Les eaux sont additionnées de carbonate de soude qui précipite un peu de violet, tandis que le vert reste dissous. Pour le retirer, on additionne ces liqueurs d'une solution concentrée d'acide picrique. La matière colorante verte se précipite ; on la recueille sur un filtre, et on la lave deux ou trois fois à l'eau froide. C'est seulement depuis le commencement de l'année 1866 que les fabricants de matières colorantes artificielles ont commencé à utiliser cette nouvelle substance verte et à la livrer au commerce. Elle se vend généralement en poudre, et est préférée pour l'application en teinture au vert préparé au moyen de l'aldéhyde. On n'a encore aucune notion sur sa composition chimique.

CHAPITRE VI.

DÉRIVÉS DE L'ANILINE A SÉCHER.

§ 1. — Mauvéine et ses dérivés.

L'histoire de la découverte de la mauvéine et des divers procédés au moyen desquels on la prépare ont été déjà donnés dans les rapports sur l'Exposition de 1862 ; il nous reste à mentionner que, depuis cette époque, on a déterminé sa composition (1).

(1) D'après M. Perkin (*Annalen der Chemie und Pharmacie*, t. CXXXI, p. 201), le violet est une base monoacide dont la composition est exprimée par la formule :

$$C^{27} H^{24} N^4.$$

Bleu. — On a essayé d'engendrer des produits de substitution au moyen de la mauvéine. En la soumettant à l'action de l'aniline, dans les mêmes conditions où l'on se place pour obtenir la rosaniline triphénylique, il se produit une substance bleue, mais dont la nuance n'est ni riche ni agréable, et dont l'industrie n'a pas essayé de tirer parti.

Gris. — En traitant par de l'aldéhyde une solution sulfurique de mauvéine, une matière colorante qui teint les différentes espèces de tissus en gris de lin prend naissance. Le mode d'application de cette substance est des plus faciles; malheureusement son prix de revient est assez élevé, à cause de la valeur de la mauvéine, qui est encore de 100 francs par kilogramme. Cette raison empêcherait toujours les dérivés de la mauvéine d'acquérir une importance comparable à celle de la série de la rosaniline, lors même que leurs nuances, ce qui n'est pas, atteindraient la même perfection.

La constitution et la composition du gris d'aniline sont encore inconnues; elles n'ont été jusqu'à présent l'objet d'aucune étude scientifique. M. J. Castelhaz a pris un brevet pour le procédé de préparation suivant : on dissout 10 kilogrammes de mauvéine en pâte dans 11 kilogrammes d'acide sulfurique à 66° Baumé. Après avoir ajouté dans le mélange 6 kilogrammes d'aldéhyde, on l'abandonne à lui-même pendant quatre ou cinq heures; on jette alors la masse dans l'eau. Le gris se dissout; on le reprécipite par un sel, et l'on répète ces dissolutions et précipitations alternatives deux ou trois fois pour achever de le purifier.

§ 2. — Marrons et bruns d'aniline.

Il existe plusieurs matières colorant brun ou marron qui se fabriquent toutes au moyen de l'aniline commerciale, mais dont le mode de dérivation est encore obscur. On en connaît une première qui a été signalée en 1863 par

M. Perkin : c'est un produit secondaire de la réaction, qui donne naissance à la mauvéine; une seconde qui résulte de l'action d'un agent oxydant sur la ditoluylamine (1); et enfin une troisième qui résulte de l'action du chlorhydrate d'aniline sur un sel de rosaniline. Cette dernière ayant donné les applications industrielles les plus avantageuses, nous indiquerons son mode de préparation (2).

On chauffe à 240° quatre parties en poids de chlorhydrate d'aniline et une partie d'un sel d'aniline à acide minéral (les chlorhydrates, sulfates, phosphates donnent les meilleurs résultats) ; on maintient la masse à l'ébullition jusqu'à ce que la couleur, qui est d'abord d'un beau rouge violacé et ne semble subir en commençant aucune altération, passe brusquement au marron. L'opération dure une heure ou deux, et l'on reconnaît qu'elle touche à sa fin lorsqu'on voit apparaître des vapeurs jaunes qui se condensent dans les parties froides de l'appareil. La matière marron ainsi obtenue est soluble dans l'alcool, l'éther, la benzine, l'acide acétique. Elle est précipitée de ses dissolutions par les alcalis et les sels neutres en solution concentrée. Ces propriétés permettent de la purifier ; elle est alors propre à la teinture et donne de fort belles nuances sur soie et sur peau.

§ 3. — Noir d'aniline.

Jusqu'à présent, le noir d'aniline n'est point un être chimique défini, une substance qu'on puisse produire isolément; ce n'est même point encore un produit qui ait reçu une forme commerciale. On est obligé de le produire directement sur les tissus, et, sauf quelques essais tout à fait récents pour l'appliquer à la teinture, aujourd'hui l'impression seule en a fait usage. Le noir d'aniline sort donc eu

(1) Girard et de Laire, *Comptes rendus de l'Académie*, t. LXIII, p. 964.
(2) Girard et de Laire, brevet du 23 mars 1863.

quelque sorte de notre cadre, puisque sa fabrication n'est point l'objet d'une industrie chimique proprement dite ; néanmoins son importance dans l'industrie des toiles peintes et son application plus ou moins prochaine, mais presque certaine, à la teinture ne nous permettent point de le passer sous silence.

Le noir d'aniline a été rendu industriel par M. John Lightfoot, d'Accrington, vers la fin de 1862, et breveté en France en janvier 1863. On peut dire qu'il existait déjà virtuellement dès l'année 1860 ; il se produisait en effet par le procédé décrit par MM. Crace Calvert, Charles Lowe et Samuel Clift, qui leur servait à obtenir des matières vertes et bleu foncé.

Le procédé patenté de M. John Lightfoot présente cette particularité que la couleur noire n'existe pas au moment où l'on imprime le tissu, mais qu'elle se développe petit à petit sur la fibre par l'effet des réactions qui s'établissent entre les corps constituant le mélange, au contact de l'oxygène de l'air à une certaine température. Il consiste à imprimer le tissu avec un mélange de :

Chlorate de potasse......	25 grammes.
Aniline......	50 —
Acide chlorhydrique......	50 —
Bichlorure de cuivre à degrés 1.44......	50 —
Sel ammoniac......	25 —
Acide acétique......	12 —
Empois d'amidon......	1 litre.

Le tissu imprimé et séché est exposé à l'air dans les chambres d'oxydation pendant deux jours environ. Après ce temps, on lave dans une eau légèrement alcaline, et le noir qui s'est développé dans la chambre d'oxydation se trouve fixé ; l'acide du sel d'aniline détermine la décomposition du chlorate de potasse, et, en même temps, le bichlorure de cuivre réagit sur l'aniline. Comme résultat de la réaction, il se produit le noir d'aniline, qui est complétement insoluble et reste fixé sur le tissu.

La nouvelle couleur, d'abord accueillie avec faveur, fut immédiatement appliquée en Suisse et en Allemagne, en Angleterre et en France ; mais bientôt elle fut presque partout abandonnée, à cause des graves inconvénients qu'elle présentait dans la pratique, préparée de cette manière.

La grande quantité de bichlorure de cuivre qu'elle contient fait qu'elle attaque énergiquement les râcles et les rouleaux en acier et en fer dont on se sert en impression, et qu'elle affaiblit la fibre du tissu. De plus, son extrême acidité empêche qu'on puisse la garder quelque temps à la température ordinaire sans qu'elle se décompose. La réaction se produit avant l'impression, et, dès lors, il n'y a plus fixation de noir.

Un grand nombre d'industriels et de chimistes essayèrent de modifier la formule de l'inventeur et de remédier aux difficultés de son emploi. Chaque imprimeur ajouta un corps quelconque au mélange prescrit par M. Lightfoot et eut son procédé particulier, parfait à ses yeux, et qu'il eut soin, sans grand dommage pour personne, de tenir le plus secret possible.

C'est seulement en janvier 1865 que M. Lauth est parvenu à corriger les principaux inconvénients que présentait le noir d'aniline produit par le procédé de M. Lightfoot, en substituant tout simplement le sulfure de cuivre au bichlorure de cuivre. Ce sulfure se transforme en sulfate par l'action oxydante de l'acide chlorique, du chlore ou d'un des dérivés chlorés qui résultent de l'action du chlorate de potasse sur le chlorhydrate d'aniline. On se trouve dès lors dans les conditions du procédé Lightfoot, avec cette différence que le sel de cuivre soluble n'existe pas dans la couleur avant son application sur l'étoffe ; qu'il ne se forme que petit à petit sur le tissu, en même temps que le noir d'aniline, et pour se détruire aussitôt ; que, par conséquent, il ne peut attaquer ni les râcles, ni les rouleaux, ni affecter considérablement la solidité de la fibre textile. A ces avantages il faut ajouter que la couleur préparée avec le sulfure de cuivre se conserve assez long-

temps, et qu'elle est d'une oxydation facile. Grâce à ce perfectionnement, le noir d'aniline est devenu d'un usage tout à fait
industriel, et, bien qu'il faille encore une certaine habileté
pour l'employer et éviter certains accidents sur les étoffes que
l'on imprime, il est maintenant d'une application générale.

Les proportions ordinairement employées sont les suivantes :
On chauffe et l'on *cuit* ensemble, d'un côté :

Eau...	500 grammes.
Amidon...	1000 —
Sulfure de cuivre................................	250 —

De l'autre côté :

Eau...	1850 grammes.
Amidon grillé....................................	1200 —
Dissolution de gomme adragante..................	1 litre.
Chlorhydrate d'aniline...........................	800 grammes.
Chlorhydrate d'ammoniaque.......................	100 —
Chlorate de potasse..............................	300 —

On laisse refroidir et l'on mélange à froid ; l'application se
fait comme d'habitude. Le noir se développe dans les chambres
d'oxydation, sous la double influence des agents oxydants employés, de l'oxygène de l'air et d'une température comprise
entre 20 et 30 degrés. Au bout de vingt-quatre heures, on lave
le tissu.

La nature du sel d'aniline qui entre dans le mélange n'est
point indifférente : l'acétate, pas plus que le citrate d'aniline,
n'est propre à donner le noir, et, jusqu'à présent, les impri-
meurs n'ont employé avec succès que le chlorhydrate ou le
nitrate. Plus le sel d'aniline est acide, plus le noir est intense
et se développe rapidement ; malheureusement les inconvénients de l'acidité trop grande de la couleur, au point de vue
de la solidité de la fibre et des ustensiles métalliques dont on
se sert, obligent à n'employer que des sels d'aniline plutôt
neutres qu'acides.

En variant le procédé qui donne le noir d'aniline, on a déjà

obtenu d'autres nuances qui s'en rapprochent plus ou moins.
Ainsi, avec la recette suivante, due à M. Sacc :

Eau..	300 grammes.
Farine..	36 —
Chlorate de potasse......................	15 —
Acétate de cuivre..........................	15 —
Acide nitrique..............................	10 —
Aniline...	20 —

on obtient des tons bruns et olive très-solides.

Le noir d'aniline peut entrer comme élément plus solide que
le campêche ou le fer dans des couleurs composées, et per-
mettre d'obtenir ainsi un grand nombre de nuances. Il sup-
porte parfaitement la teinture en garance et toutes les opérations destinées à produire les rouges et les roses garancés. Il
est inaltérable dans les bains les plus acides ou les plus alcalins; il résiste à la plupart des oxydants et à toutes les températures usitées dans les chambres de vaporisation et d'oxydation : il peut donc être associé à toutes les couleurs
métalliques vapeur. Cependant l'action de la vapeur verdit
légèrement le noir.

En résumé, on peut dire que le noir d'aniline est très-supé-
rieur à tous les autres noirs employés en impression. Ce serait
un service immense à rendre à l'industrie que d'indiquer les
moyens de le rendre applicable à la teinture des draps (1).
Jusqu'à présent, il a montré peu d'affinité pour la laine; il se
fixe en revanche parfaitement et sans mordants sur les fibres
végétales.

On ne connaît aucun dissolvant capable d'enlever à un tissu
le noir d'aniline qui y a été fixé; on peut dire qu'il est complétement indélébile.

Au mois d'août 1865, M. Paraf avait recommandé la formule
suivante comme donnant un très-beau noir et n'affaiblissant
pas le tissu :

(1) Depuis l'impression de ce rapport, nous avons appris que M. Jules
Persoz avait trouvé un procédé permettant de teindre en noir d'aniline tous
les tissus de laine et de coton.

Sel d'aniline (chlorhydrate).
Chlorate de potasse.
Acide hydrofluosilicique.

Quelque temps après, M. Rosenstiehl indiquait à son tour un mélange de chlorate d'ammoniaque et de chlorhydrate d'aniline comme donnant un très-beau noir.

Ces recettes, en effet, produisent une très-bonne couleur, mais à condition d'appliquer les couleurs avec un rouleau de cuivre ou de bronze. Lorsqu'on imprime les mélanges que nous venons d'indiquer avec une planche ou un rouleau de bois, en s'arrangeant de façon à éviter absolument la présence du cuivre, on n'obtient plus qu'un bleu sale. Mais si, à cette couleur, qui ne donne qu'un gris bleuâtre, on ajoute du cuivre en quantités croissantes, depuis 1 milligramme jusqu'à 1.5 grammes, le gris fonce de plus en plus, et l'on finit par obtenir un très-beau noir. Il paraît résulter de cette expérience, due à MM. Lauth et Rosenstiehl, que le cuivre est un élément essentiel du noir d'aniline.

M. C. Kœchlin, qui s'est beaucoup occupé du noir d'aniline, n'était pas de cet avis. Il croyait que le cuivre n'était point un des éléments de constitution du noir d'aniline. Il pensait que celui qu'on trouve toujours par l'incinération d'un tissu imprimé en noir d'aniline n'existait là simplement qu'à l'état de mélange, et que, en lavant convenablement le tissu dans les liqueurs acides, on pouvait, sans altérer le noir, enlever complétement le cuivre.

Suivant le même chimiste, on préparerait un noir identique à celui qui se produit sur les tissus en faisant bouillir le mélange suivant :

Aniline.............................	100 grammes.
Acide chlorhydrique.....................	100 —
Ferrocyanure de potassium................	50 —
Chlorate de potasse.....................	50 —
Eau...............................	4000 —

Au bout de trois ou quatre jours de macération (l'auteur ne

dit pas si c'est à froid ou à chaud), il faut filtrer pour recueillir le résidu, le laver à l'eau, l'épuiser ensuite à l'alcool, puis le traiter par un acide, et enfin par une eau légèrement ammoniacale.

Il n'est nullement démontré que la matière ainsi obtenue soit bien identique au noir produit sur les tissus avec le concours d'un sel de cuivre. Il n'est pas du tout démontré non plus que le noir d'aniline soit une substance unique. Au contraire, d'après M. E. Kopp, ce serait un mélange de plusieurs matières colorantes, d'éméraldine, d'azurine et de toutes les couleurs qui se produisent lorsqu'on oxyde un mélange d'aniline et de toluidine. Mais cette dernière opinion est à son tour très-discutable, et on peut lui objecter qu'il est singulier de voir, comme c'est en effet le cas, un mélange qui ne possède aucune des propriétés chimiques de ses corps constituants. Les dissolvants du rouge, du violet, du bleu, du vert, du jaune ne dissolvent pas le noir. Ses affinités pour les fibres végétales ou animales sont inverses de celles que présentent les couleurs que nous venons d'énumérer.

En résumé, l'histoire chimique du noir est encore à faire, et tout ce qu'on sait de lui se borne à la connaissance d'un petit nombre de ses propriétés.

Il est complétement insoluble dans l'eau, l'alcool, l'éther, la benzine, le savon bouillant, les alcalis, les acides. Il est un peu soluble dans les sels d'aniline. Il est d'un noir velouté très-riche; les acides le font passer au vert, et les alcalis ramènent la nuance primitive. Le bichromate de potasse étendu augmente l'intensité de sa nuance; plus concentré, il la fait roussir. Le chlore et les hypochlorites alcalins détruisent le noir à la longue. Cependant, suivant M. C. Kœchlin, lorsque l'action du chlorure de chaux sur le noir d'aniline n'a pas été trop prolongée, que sa teinte n'a pas été détruite complétement, mais qu'elle a été dégradée jusqu'au grenat roux seulement, il se passe un phénomène assez curieux. La nuance noire primitive reparaît peu à peu avec le temps, et finit par recouvrer la même intensité qu'elle avait avant d'être soumise à l'action du chlorure de chaux.

CHAPITRE VII.

DÉRIVÉS DU PHÉNOL.

§ 1. — Acide phénique ou carbolique.

Découvert par Runge (1), il y a plus de quarante ans, dans l'huile de goudron de houille, et étudié depuis d'une manière toute spéciale par Laurent (2), l'acide phénique n'est devenu l'objet d'une production industrielle que vers 1840, date où ce dernier publiait les résultats de son remarquable travail. En effet, la presque totalité de la créosote consommée vers cette époque dans le commerce n'était que de l'acide phénique plus ou moins pur; il provenait presque exclusivement, au moins pour l'Allemagne, de l'usine de M. E. Sell, à Offenbach. Mais c'est surtout à M. C. Calvert, de Manchester, qu'appartient le mérite d'avoir le premier fabriqué ce corps à l'état cristallisé, et d'avoir de cette façon largement contribué à faciliter et à propager les applications multiples dont l'acide phénique est susceptible.

Les progrès réalisés dans la manufacture des couleurs dérivées de l'aniline ne pouvaient pas rester sans influence sur la production de l'acide phénique, les huiles qui en renferment la plus grande quantité constituant pour ainsi dire des produits secondaires, lors de l'extraction des hydrocarbures employés par l'industrie anilique.

La préparation de l'acide phénique cristallisé ne présente aucune difficulté, si l'on a soin, pendant la distillation de l'a-

---

(1) Runge (1834), *Ann. de Poggend.*, XXXI, 65, XXXII, 308.
(2) A. Laurent, *Ann. de chim. et de phys.* (3ᵉ s.), t. III, p. 65.

cide brut, de recueillir séparément la fraction qui passe entre 160 et 190 degrés. Ce produit est traité par la soude caustique, et le phénate de soude est décomposé ensuite par l'acide sulfurique. L'huile obtenue de cette façon ne contient que très-peu d'acide crésylique et presque plus de naphtaline. Par des rectifications successives, on obtient un produit bouillant à 180 degrés et qui cristallise facilement par le froid.

Par suite de la plus grande production de ce corps, qui s'élève, nous assure-t-on, à plus de 12 tonnes par semaine, les prix de l'acide phénique ont énormément baissé; la valeur du produit varie, du reste, avec son point de fusion. L'acide phénique fondant à 15 degrés coûte 1 fr. 80 le kilogramme; celui dont le point de fusion est à 34 degrés vaut 2 fr. 20 le kilogramme; enfin celui qui ne fond qu'à 41 degrés s'élève à 10 francs le kilogramme.

Parmi les nombreux emplois de l'acide phénique, c'est surtout celui qui a rapport à la fabrication des matières colorantes qui nous intéresse. Nous signalerons pourtant quelques autres applications de cet acide.

A l'état brut, il est en usage pour la préservation des bois destinés à la construction des traverses de chemins de fer et des navires. Dans un état de pureté plus avancé, l'acide phénique est employé encore pour prévenir et arrêter la décomposition des matières dérivant du règne animal et végétal, facilement susceptibles de se putréfier. Il sert à l'injection des cadavres, à la préservation des peaux, des os, et dans différentes phases de la fabrication des parchemins, des cordes à boyaux, des colles, des gélatines et enfin de la fonte des corps gras. Il est aussi utilisé avantageusement pour conserver la pâte à papier et la colle d'amidon. L'acide phénique joue encore un grand rôle dans la désinfection des eaux vannes, des déjections du tannage, des eaux provenant du rouissage du lin et du chanvre, des résidus liquides des féculeries, des amidonneries et des distilleries. Enfin cet acide est appliqué également avec succès à l'assainissement des salles d'hôpitaux et de dissection, des cales de navire, des étables, des écuries, des abattoirs, des cabinets d'aisance et des galeries d'égout.

Mais la plus grande quantité, pouvant s'élever à la moitié de la production, est consommée à l'état presque complétement pur, pour la fabrication de l'acide picrique et de la péonine ou coralline.

§ 2. — Acide picrique.

La pureté et le bas prix auxquels on trouve aujourd'hui dans le commerce l'acide phénique cristallisé ont exercé une grande influence sur la fabrication de l'acide picrique. Il y a à peine six ou huit ans que la plupart des industriels trouvaient avantageux de préparer l'acide picrique en traitant la résine *xanthorrhea hastilis*, ou l'huile brute des goudrons de houille, par l'acide nitrique. Il est maintenant produit entièrement avec l'acide phénique cristallisé.

Les avantages réalisés par l'emploi de l'acide phénique cristallisé et pur ne consistent pas seulement dans la facilité avec laquelle s'opère la réaction, ni dans l'économie de l'acide nitrique, dont la plus grande partie ne servait autrefois qu'à détruire les impuretés, mais surtout dans la facilité que présente la purification de l'acide picrique. Toutes les matières étrangères qui se produisaient, lors du traitement par l'acide nitrique de la résine de *xanthorrhea hastilis* ou de l'huile brute de houille, ayant complétement disparu, les rendements obtenus en acide picrique, lorsqu'on traite l'acide phénique pur, se confondent presque avec ceux indiqués par la théorie.

La préparation de ce produit se fait en introduisant, avec précaution et par petites quantités, un filet d'acide nitrique dans l'acide phénique pur ou dans un mélange fait au préalable d'acide phénique et d'acide sulfurique, ou bien encore en attaquant par l'acide nitrique le sulfophénate de soude cristallisé.

L'acide picrique qu'on trouve dans le commerce est souvent mélangé avec des matières étrangères, telles que le sulfate de soude, le borax, l'acide oxalique, etc. Pour reconnaître cette falsification, on a proposé de traiter le produit par le benzol, qui dissout facilement l'acide picrique, tandis que la plus grande partie des corps étrangers restent à l'état insoluble.

La meilleure preuve des progrès réalisés dans la fabrication de l'acide picrique est la réduction de son prix. En 1862, le kilogramme de ce corps coûtait 25 à 30 francs ; aujourd'hui, il est offert à 10 francs.

§ 8. — Dérivés de l'acide picrique.

L'acide picrique est susceptible de quelques métamorphoses qu'on a cherché à utiliser pour les besoins de l'industrie tinctoriale.

Acide isopurpurique (1). — Sous l'influence du cyanure de potassium, l'acide picrique se transforme en un acide colorant rouge, dont le sel ammonique possède la même composition que la murexide. On l'a désigné sous le nom d'acide isopurpurique. A une certaine époque, on était disposé à considérer cette matière comme identique avec la murexide, mais des recherches nouvelles ont prouvé que les deux corps ne sont que des isomères.

La préparation des isopurpurates est déjà mentionnée dans le rapport sur l'Exposition Universelle de 1862 ; aussi nous bornerons-nous à ajouter quelques renseignements que nous a fournis l'Exposition de 1867.

Suivant une communication de M. C.-A. Martins, on avait déjà commencé, il y a quelques années, à produire assez lar-

---

(1) La composition de l'acide isopurpurique est :

$$C^8 H^5 N^5 O^6 \text{ (Hlasiwetz)};$$

ou bien :
$$C^8 H^3 N^3 O^5 \text{ (Baeyer)}.$$

gement cette substance dans l'usine de MM. Roberts, Dale et Cie, à Manchester.

De nombreux échantillons furent adressés à cette époque aux principaux teinturiers de Glasgow pour faire des essais. Mais les nuances fournies par ce corps n'étant pas alors à la mode, le débouché qu'on en attendait resta limité. De nouvelles expériences paraissent avoir obtenu un résultat meilleur, surtout pour la teinture de la laine et des peaux. On peut affirmer que les échantillons de mérinos exposés par M. Casthelaz, à côté de son grenat soluble (isopurpurate) présentent des nuances assez belles et assez riches.

La facilité avec laquelle les isopurpurates détonnent par le moindre choc force à livrer ce produit sous forme de pâte renfermant toujours une certaine quantité d'eau. Lors des premiers essais tentés par MM. Roberts, Dale et Cie, une explosion terrible eut lieu dans leur laboratoire, où l'on triturait 4 à 5 kilogrammes d'isopurpurate de potassium. La violence de l'explosion fut telle que tous les appareils du laboratoire furent complétement brisés et que l'ouvrier qui exécutait cette opération fut jeté à terre. La pâte même ne présente pas encore toutes les garanties possibles de sécurité, car la dessiccation lui rend ses propriétés explosives. Pour remédier à ce grave inconvénient, M. Martins propose d'y ajouter une petite quantité de glycérine, qui retient la matière toujours à l'état humide.

Le bas prix actuel de l'acide picrique permet de vendre ce produit en pâte (avec 50 pour 100 d'eau) à 11 ou 12 francs le kilogramme. Nous croyons pouvoir promettre, dans un avenir prochain, une consommation considérable à cette matière colorante; la tendance des teinturiers est, en effet, de remplacer de plus en plus les extraits des plantes et des bois par des combinaisons chimiques d'une pureté parfaite, qui présentent une composition constante, et fournissent par conséquent, dans certaines conditions, toujours les mêmes teintes.

Acide picramique. — L'acide picramique (1) dérive aussi de l'acide picrique; il prend naissance lorsqu'on soumet ce dernier à l'action réductrice du sulfure d'ammonium. On a souvent et depuis longtemps essayé d'appliquer l'acide picramique en teinture; mais, quoique cette matière colorante possède un pouvoir tinctorial assez grand et résiste assez bien à l'action destructive de la lumière, elle n'a pas encore pu se faire une place dans la consommation.

§ 4. — Acide rosolique.

Ce nom, d'abord donné par Runge à une matière colorante rouge existant dans l'huile de goudron de houille, sert aujourd'hui à désigner une substance tinctoriale qui se forme par l'action des acides sulfurique et oxalique sur l'acide phénique. Il est généralement admis que cette substance est la même que celle obtenue par Runge.

La première publication au sujet de ce produit a été faite par MM. Kolbe et Schmitt, en 1861 (2), qui l'ont préparé en chauffant un mélange de 1 partie d'acide oxalique, 1 partie et demie de créosote et 2 parties d'acide sulfurique concentré. Dans une note adressée au Jury de la classe 44 (3), M. J. Persoz fait remarquer que la formation de l'acide rosolique par l'action des acides sulfurique et oxalique sur l'acide phénique avait été observée par lui déjà en 1859, et que MM. Guinon, Marnas et Bonnet, de Lyon, exploitaient industriellement, dès 1860, le procédé qu'il leur avait cédé.

Coralline et azuline. — L'acide rosolique, soumis à l'action

---

(1) La composition de l'acide picramique, d'après M. Aimé Girard, est :
$$C^6 H^5 N^3 O^5.$$

(2) Kolbe et Schmitt, *Annalen der Chemie und Pharmacie*, t. LXIX, p. 169. La composition attribuée à l'acide rosolique par MM. Kolbe et Schmitt est :
$$C^5 H^4 O.$$

(3) Jules Persoz. *Acide rosolique, péonine (coralline) et azuline;* note adressée aux membres du Jury.

de l'ammoniaque sous pression, à une température de 150 degrés, se transforme en une matière colorante rouge, la péonine (coralline). Ce corps, chauffé à 180 degrés en présence de l'aniline, donne naissance à une matière tinctoriale bleue, appelée azuline. La découverte de ces deux matières colorantes, dont les procédés d'obtention ont été brevetés en 1862 pour MM. Guinon, Marnas et Bonnet, est due à M. Jules Persoz.

Les détails de fabrication révélés par le brevet ont été publiés dans le Rapport de l'Exposition de 1862; nous n'y reviendrons pas. Nous ajouterons seulement que l'expérience a montré que, pour obtenir les plus belles nuances et le meilleur rendement, il faut employer de l'acide phénique cristallisé et bouillant à une température constante de 184 degrés, et de l'acide oxalique parfaitement sec.

L'acide rosolique qui se trouve dans le commerce se présente sous l'aspect d'une résine cassante à reflets de cantharide, ou en poudre fine d'une couleur rouge brunâtre.

Les expériences faites dans le but d'appliquer à l'industrie tinctoriale l'acide rosolique pur n'ont pas encore été couronnées de succès. Des deux produits colorants dérivés de l'acide rosolique, ce n'est que la péonine (coralline) qui a acquis une certaine importance industrielle.

Ses principaux emplois sont la teinture des soies, l'impression sur coton, et la production de laques servant dans la fabrication des papiers peints et dans les couleurs lithographiques.

La matière colorante bleue qui se forme par l'action de l'aniline sur la péonine (coralline) ne se fabrique presque plus. Elle est actuellement remplacée dans le commerce par le bleu d'aniline.

CHAPITRE VIII.

DÉRIVÉS DE LA NAPHTALINE.

§ 1. — Jaune de naphtylamine.

Parmi les nombreux procédés qui ont été indiqués pour transformer la naphtaline en matière colorante, il n'y en a jusqu'à présent qu'un seul qui ait donné un résultat industriel. Ce procédé, que nous devons à M. C.-A. Martius, a permis d'obtenir une magnifique matière tinctoriale jaune, qui, en France, porte le nom de jaune d'or, et en Angleterre celui de jaune de Manchester.

La naphtaline prend naissance dans la distillation de la houille ; elle se trouve principalement dans les huiles lourdes qui restent après la séparation des hydrocarbures qui fournissent le benzol, le toluol et les phénols.

La quantité de naphtaline qui se produit dans la distillation de la houille paraît varier suivant la nature de cette dernière, et selon le mode de carbonisation suivi. Elle constitue un résidu dans les usines à gaz, et surtout dans celles qui se livrent au traitement des goudrons, soit dans le but d'en extraire les hydrocarbures, soit dans celui de fabriquer les brais.

Par des procédés entièrement semblables à ceux que nous avons indiqués pour la transformation du benzol en nitrobenzol et en aniline, la naphtaline fournit la nitrophtaline et la naphtylamine, base analogue à l'aniline, et qui sert de point de départ à la production du jaune de Manchester. Pour la préparer, on ajoute à une solution neutre de chlorhydrate de naphtylamine du nitrate de soude jusqu'à ce que toute la naphtylamine soit transformée en diazonaphtol. La liqueur qui contient le chlorhydrate de diazonaphtol est mélangée avec de l'acide nitrique et chauffée jusqu'à ébullition. La matière colorante jaune se sépare et vient surnager sous forme de petites aiguilles jaunes qu'on recueille avec une grande écumoire. Pour les purifier, on les dissout dans l'ammoniaque, et on filtre.

D'après les expériences de M. Martins, ce produit jaune est du binitronaphtol, qui est à la naphtaline ce que le binitrophénol est au benzol (1). Ce corps est un acide analogue à l'acide picrique ; il forme, avec les bases, des sels pour la plupart bien cristallisés et qui possèdent une couleur plus ou moins orangée.

L'acide binitronaphtylique est déjà employé assez largement dans la teinture de la laine et des cuirs ; il sert aussi à colorer une foule d'autres substances, parmi lesquelles nous citerons les savons.

Cette substance colorante est remarquable par les nuances brillantes jaunes d'or qu'elle communique aux tissus, et qui se distinguent très-nettement de celles obtenues avec l'acide picrique, ces dernières étant d'un jaune beaucoup plus vert. Là ne se borne pas l'avantage qu'elle présente sur l'acide picrique ; les teintes qu'elle fournit peuvent être vaporisées, tandis qu'au contraire celles de l'acide picrique sont détruites par cette opération.

Jusqu'ici le prix très-élevé de l'acide binitronaphtylique (50 francs le kilogramme) s'est opposé à son adoption générale

---

(1) Benzol $\quad C^6 H^6 \qquad$ Naphtaline $\quad C^{10} H^8$
Phénol $\quad C^6 H^6 O \qquad$ Naphtol $\quad C^{10} H^8 O$
Binitrophénol $C^6 H^4 (NO^2)^2 O \quad$ Binitronaphtol $C^{10} H^6 (NO^2)^2 O$

La transformation de la naphtylamine en binitronaphtol est exprimée par les équations suivantes :

$$C^{10} H^8 N + HNO^3 = 2H^2 O + C^{10} H^6 N^2$$

$\underbrace{\qquad\qquad}$ Naphtyla-mine. $\qquad\qquad\qquad$ $\underbrace{\qquad}$ Diazo-naphtol.

$$C^{10} H^6 N^2 + 2HNO^3 = 2N + H^2 O + C^{10} H^6 (NO^2)^2 O$$

$\underbrace{\qquad}$ Diazo-naphtol. $\qquad\qquad\qquad\qquad$ $\underbrace{\qquad}$ Binitronaphtol.

comme matière colorante; nous ferons pourtant remarquer que, à poids égal, son pouvoir tinctorial est de beaucoup plus considérable que celui de l'acide picrique.

§ 2. — Acides benzoïque et chloroxynaphtalique.

Dans ces dernières années, on a tenté quelques essais pour utiliser la naphtaline comme source d'acide benzoïque, substance qui, comme nous l'avons déjà vu (voir page 234), est souvent employée lors de la transformation de la rosaniline en matière colorante bleue. Ces expériences sont d'autant plus intéressantes qu'elles donnent naissance à la production de matières secondaires pouvant être appliquées en teinture et en impression. Jusqu'à présent, l'acide benzoïque avait été extrait soit de la résine du benjoin, soit de l'acide hippurique contenu dans l'urine des herbivores. On propose actuellement de le préparer par la décomposition de l'acide phtalique, dérivé de la naphtaline et connu par les recherches de Laurent et de M. de Marignac.

La composition des acides phtalique et benzoïque présente une relation très-simple : l'acide benzoïque contient les éléments de l'acide phtalique, moins une molécule d'acide carbonique. Il y a entre ces deux acides la même différence de composition qu'entre l'acide benzoïque et le benzol, carbure d'hydrogène qu'on peut engendrer en enlevant une molécule d'acide carbonique à l'acide benzoïque (1).

On savait déjà que l'acide phtalique soumis à l'action de la chaux, sous l'influence de la chaleur, se scinde en benzol et en deux molécules d'acide carbonique. Il était donc probable

$$C^8 H^6 O^4 - CO^2 = C^7 H^6 O^2$$

Acide phtalique.   Acide benzoïque.

$$C^7 H^6 O^2 - CO^2 = C^6 H^6$$

Acide benzoïque.   Benzol.

(et Gerhardt, et plus récemment M. Berthelot l'avaient déjà indiqué) qu'on pourrait transformer l'acide phtalique en acide benzoïque, en arrêtant la réaction pour ainsi dire à moitié chemin.

M. Dusart (1) avait essayé de réaliser par l'expérience ce dédoublement ; mais, bien qu'il eût obtenu, en distillant un mélange de phtalate et d'oxalate de soude avec la chaux, une petite quantité d'huile d'amandes amères, il n'avait pas réussi à transformer l'acide phtalique en acide benzoïque.

Depuis, cette réaction a été effectuée par MM. P. et E. Depouilly (2); ils emploient une molécule de phtalate bicalcique et une molécule de chaux hydratée ; le mélange est maintenu pendant quelques heures à une température de 330 à 350 degrés. Le sel se trouve alors entièrement transformé en benzoate et en carbonate de chaux. Le benzoate de chaux est dissous dans l'eau, les liqueurs sont concentrées et l'acide benzoïque précipité par un acide.

Laurent, lors de son grand travail sur les dérivés de la naphtaline, publié de 1832 à 1845, avait décrit l'acide phtalique. Il l'obtenait en soumettant à l'acide nitrique les produits de substitution chlorée de la naphtaline. Voici maintenant le procédé auquel MM. P. et E. Depouilly se sont arrêtés : la naphtaline est traitée à froid par un mélange de chlorate de potasse et d'acide chlorhydrique ; on obtient ainsi, en une seule opération, une grande quantité des quadrichlorures de naphtaline et de chloronaphtaline, avec une très-faible proportion de sous-chlorures. On se débarrasse de ces derniers par la presse. Le résidu solide, qui est un mélange de quadrichlorure de naphtaline et de quadrichlorure de chloronaphtaline, est attaqué par l'acide nitrique au bain-marie. Le premier se transforme en acide phtalique, et le second en chlorure de chloroxynaphtyle, qui, sous l'influence d'une température moins ménagée, donnerait aussi de l'acide phtalique.

(1) Dusart, *Comptes rendus de l'Académie*, t. LV, p. 44 (1862).
(2) P. et E. Depouilly, *Comptes rendus de l'Académie*, t. LX, p. 450.

Le mélange de chlorure, de chloroxynaphtyle et d'acide phtalique est repris par l'eau bouillante, qui enlève seulement l'acide phtalique.

Le chlorure de chloroxynaphtyle peut donner naissance à une belle substance cristallisée, d'un jaune orange très-brillant. C'est l'acide chloroxynaphtalique de Laurent. Pour obtenir cet acide, le chlorure de chloroxynaphtyle est traité par une dissolution alcoolique de potasse, qui le transforme et le dissout à l'état de chloroxynaphtalate de potasse (1).

La solution est séparée du résidu par décantation ou filtration et décomposée par un acide minéral; l'acide chloroxynaphtalique se dépose, mais à l'état encore impur. Pour le purifier, on le transforme en sel neutre de potasse qu'on traite par une solution d'alun, qui précipite une matière colorante brune différente de l'acide chloroxynaphtalique. La liqueur filtrée, précipitée par un acide minéral, laisse déposer ce dernier à l'état de poudre cristalline d'un jaune pâle, qui teint la laine sans mordant en rouge intense. Cette matière est très-belle et recevrait probablement une application assez considérable en teinture et en impression. Malheureusement, le procédé qui permet de l'obtenir est long, coûteux, et, par conséquent, le prix du produit élevé. En terminant, qu'il nous soit permis de diriger de nouveau l'attention des industriels sur l'acide chloroxynaphtalique, qui est peut-être appelé à

---

(1) $\quad C^{10} H^7 Cl^5 + 3H^2O + 5O = 5 HCl + C^2 H^2 O^4 + C^8 H^6 O^4$

Quadrichlorure de chloronaphtaline.   Acide oxalique.   Acide phtalique.

$$C^{10} H^6 Cl^4 + 3O = 2 HCl + H^2O + C^{10} H^4 Cl^2 O^2$$

Quadrichlorure de naphtaline.   Chlorure de chloroxynaphtyle.

$$C^{10} H^4 Cl^2 O^2 + 2 KHO = H^2O + KCl + C^{10} H^4 KCl O^3$$

Chlorure de chloroxynaphtyle.   Chloroxynaphtalate de potasse.

jouer un rôle important dans l'histoire des matières colorantes artificielles.

Dans son *Traité de chimie organique*, Gerhardt (1) a signalé la relation très-simple qui existe entre la composition de l'acide chloroxynaphtalique et de l'alizarine, principale matière colorante de la garance. En effet, en substituant au chlore de l'acide chloroxynaphtalique son équivalent d'hydrogène, on arrive à la formule de l'alizarine (2). Toutes les expériences qu'on a faites jusqu'ici pour effectuer cette importante transformation ont échoué, on a même exprimé des doutes (3) sur la possibilité de l'exécuter jamais ; néanmoins, tout espoir de la voir se réaliser ne doit pas être encore abandonné.

CHAPITRE IX.

DIFFÉRENTS USAGES DES MATIÈRES COLORANTES DÉRIVÉES DE LA HOUILLE.

Ces usages sont nombreux. Bien qu'ils ne consomment pas des quantités aussi importantes que la teinture, ils ne laissent pas que de mériter notre attention. Il est toujours intéressant de suivre les efforts tentés par l'industrie pour adapter aux besoins les plus variés chaque nouvelle substance qui vient enrichir son domaine, pour multiplier ses applications, et la forcer ainsi à livrer toute la somme d'utilité qu'elle renfermait virtuellement en elle.

Depuis 1862, la papeterie se sert de grandes quantités de couleurs d'aniline, soit pour azurer ses pâtes, soit pour les teindre, soit enfin pour la coloration superficielle du papier une fois terminé. Leur solubilité dans l'eau en a rapidement

(1) Gerhardt, *Traité de chimie organique*, t. III, p. 478.
(2)   Acide chloroxynaphtalique $C^{14} H^3 Cl O^3$
          Alizarine $C^{14} H^6 O^3.$
(3) Voit aussi Schützenberger, *Traité des matières colorantes*, t. II, p. 88.

propagé l'usage. Aujourd'hui, elles ont remplacé presque complétement toutes les matières qu'on employait avant leur apparition, telles que l'outremer, différents oxydes métalliques, les extraits de bois, etc. De toutes les couleurs d'aniline, la plus usitée en papeterie est le bleu d'aniline soluble. On s'en sert, soit en l'introduisant directement en solution aqueuse dans la pâte du papier, soit au moment de l'encollage.

Beaucoup d'objets de papeterie sont décorés au moyen de ces couleurs, tels que les abat-jour en papiers opaques imitant la porcelaine. On les fabrique en imprimant sur une feuille de papier ordinaire un dessin au moyen d'une laque en couleur d'aniline, dissoute dans un sel d'aniline. On décalque ensuite sur une feuille de papier fortement albuminé et mouillé. La couleur est enlevée et fixée par l'albumine; on obtient la reproduction du dessin primitif avec des teintes fondues d'un effet agréable.

La plupart des pains à cacheter, des poudres à sécher l'encre (sable, sciure de bois), sont colorés avec des couleurs d'aniline. Certaines encres de couleur, et particulièrement les encres rouges et violettes, sont fabriquées au moyen des sels de rosaniline et de rosaniline méthylique. Ce sont généralement des solutions aqueuses additionnées d'une quantité suffisante de gomme ou de dextrine, et contenant un peu de glycérine. Quelquefois, mais rarement, elles sont formées au moyen de laques tenues en suspension.

On a composé également des encres typographiques avec ces substances. Un premier procédé employé dans ce but consiste à dissoudre les couleurs dans de l'alcool tenant en dissolution une résine, et à précipiter le tout par l'eau. Le précipité séché est broyé avec une quantité convenable de vernis et de blanc de zinc ou de baryte; un second consiste à mélanger au vernis de l'amidon teint avec la couleur d'aniline; un troisième, à précipiter un sel de matière colorante par un alcali, de façon à obtenir la base. Le précipité desséché est dissous dans l'acide oléique, puis mélangé à un vernis lithographique exempt de plomb.

On utilise les couleurs d'aniline pour la fabrication des laques destinées à l'industrie des papiers peints, à la peinture à l'aquarelle, à la coloration des dessins, et particulièrement des photographies. Pour ces dernières, elles présentent l'avantage d'être parfaitement transparentes, de laisser voir les plus petits détails, et de contracter une combinaison intime avec le papier albuminé adopté en photographie. On les prépare en profitant de la propriété qu'elles possèdent de se combiner à certains oxydes métalliques ou à d'autres substances, telles que le kaolin, l'amidon, le tanin. A cette fin, on précipite un sel soluble de matière colorante par un sel métallique soluble également, mais dont l'oxyde forme, avec l'acide du sel de la première, une combinaison insoluble ; ou bien encore, en précipitant des dissolutions mélangées de matière colorante et de sel minéral par l'ammoniaque ou le carbonate de soude. Les plus belles laques s'obtiennent lorsque la précipitation des sels de rouge, de violet et de bleu, est faite en présence de l'acide benzoïque. L'amidon, le kaolin, l'alumine, introduits dans des dissolutions de matières colorantes, les décolorent rapidement, en absorbant toute la couleur qu'elles contiennent, et se teignent pour ainsi dire comme des tissus de soie ou de laine. Le tanin précipite admirablement le rouge d'aniline de ses dissolutions aqueuses, et forme avec lui une laque insoluble d'un beau rouge carminé. On associe quelquefois le sulfate d'alumine au tanin. Voici comment on procède : le sulfate d'alumine est saturé par le carbonate de soude, de manière à neutraliser exactement la liqueur sans la précipiter. On ajoute alors la dissolution de matière colorante et on précipite par le tanin. Enfin, au moyen de déchets de laines (tontisses), que l'on teint par les procédés ordinaires dans les diverses nuances que fournissent les couleurs d'aniline, on obtient des espèces de poudres fort employées dans la fabrication des papiers peints veloutés. La plupart de ces laques, mélangées avec des huiles siccatives ou des vernis, peuvent servir aussi à préparer des encres d'impression.

L'imitation des laques sur bois, présentant le reflet métallique que possèdent ces couleurs à l'état solide, se fait en immergeant les bois dans les dissolutions alcooliques concentrées et chaudes de couleurs d'aniline. Ces bois sont ensuite séchés rapidement dans un courant d'air chaud. On les enduit alors d'un vernis transparent obtenu au moyen du copal dissous dans l'éther. La matière colorante, à cause de son insolubilité dans ce véhicule, conserve tout son éclat et se trouve protégée contre l'humidité et les frottements par la pellicule adhérente, dure et insoluble, que le vernis a abandonnée en séchant.

Dans ces derniers temps, ces procédés ont été appliqués à la teinture et à la coloration des chapeaux de paille et à la reproduction des feuillages artificiels. On opère d'une façon analogue à celle que nous venons de décrire pour laquer les bois.

Les couleurs d'aniline servent également à la décoration des verroteries, des porcelaines à bon marché, destinées exclusivement aux objets d'ornementation. L'application de ces couleurs se fait de la manière suivante : elles sont dissoutes dans des vernis transparents et appliquées au pinceau ; on les revêt d'un vernis résineux transparent et insoluble dans l'eau. Les objets ainsi décorés imitent les émaux, mais n'en ont ni la qualité, ni la solidité. Dans cette catégorie d'applications secondaires, il en est une qui consomme des quantités importantes de couleurs : c'est la décoration des globes et des verres destinés aux illuminations et aux fêtes publiques. Elle se fait de la manière suivante : on trempe le globe dans une dissolution d'albumine, de sang, ou de gélatine ; au bout de quelques instants, on le retire, on le laisse sécher, et on le passe ensuite dans un bain de teinture. On obtient ainsi un globe présentant le même éclat que les verres coloriés au cobalt ou à la pourpre de Cassius.

L'imitation des perles et des pierres précieuses se fait par les mêmes procédés, mais employés avec plus de soin. On opère d'une façon analogue pour la coloration de la nacre, de l'ivoire, des os et d'autres substances d'origine animale, qui d'ailleurs peuvent, jusqu'à un certain point, se combiner directement avec la matière colorante.

La parfumerie a eu aussi recours aux couleurs d'aniline pour colorer ses essences, ses savons, ses cold-creams, ses pommades, ses poudres de riz, ses fards. L'application de ces produits à ces divers usages était indiquée tout naturellement, et une fois l'utilité admise (utilité fort contestable) des fards et des onguents, dont le beau sexe aime à s'enlaidir, on est forcé de convenir que l'introduction des couleurs d'aniline dans cette branche d'industrie a rendu un véritable service. Elles ont remplacé des substances métalliques : préparations de mercure, de bismuth et de plomb, presque toutes funestes au point de vue de l'hygiène. Mais, comme il ne faut détruire les illusions de personne, nous n'entrerons pas dans de plus amples détails sur ce sujet plein de mystère.

Pour abréger cette énumération, un peu trop longue déjà, d'industries employant les couleurs d'aniline, nous nous bornerons à citer l'azurage du linge, la coloration des bougies, des allumettes chimiques, la coloration des vinaigres blancs pour imiter les vinaigres de vin, et enfin la fabrication du sirop de groseille en Amérique.

Un dernier mot sur une application scientifique toute récente. Le rouge, le bleu et le violet d'aniline en dissolution dans l'eau ou l'eau alcoolisée sont utilisés journellement par les micrographes pour imbiber les tissus dont ils colorent inégalement les éléments anatomiques, de sorte que quelques-uns de ces éléments deviennent plus visibles à l'aide du microscope. On employait dans le même but du carmin en dissolution dans l'ammoniaque, mais les couleurs d'aniline sont préférées dans bien des cas où la délicatesse des tissus ne résisterait pas à l'action de l'ammoniaque.

On se sert également (procédé M.-C. Legros) du rouge, du bleu et du violet pour colorer du collodion qu'on injecte dans les vaisseaux de l'homme ou des animaux. Cette injection est très-pénétrante; elle s'insinue dans les capillaires les plus déliés. En même temps, les couleurs conservent tout leur éclat, sans nuire pour cela à la transparence des tissus. Les pièces injectées de cette manière se conservent très-bien dans la glycérine. Ajoutons encore qu'on peut employer cette injection à froid, et qu'elle permet aux pièces anatomiques de sécher rapidement.

CHAPITRE X.

CONSIDÉRATIONS GÉNÉRALES.

Le nombre total des fabricants de couleurs dérivées de la houille et des matières premières servant à les obtenir qui ont pris part à l'Exposition de 1867 est de trente-deux. Il se divise comme il suit : quatorze pour la France, douze pour l'Allemagne, trois pour l'Angleterre, deux pour la Suisse, un pour l'Amérique.

C'est surtout dans la section française que se trouve représentée l'industrie des matières premières, telles que : huiles de houille, benzines, anilines. En effet, sur les quatorze exposants qu'elle compte, huit figurent comme producteurs de ces substances ; ce sont : la Compagnie Parisienne d'éclairage et de chauffage par le gaz, MM. Dehaynin, Coblentz, Coupier, Bobeuf, Collas, Vedles, Casthelhaz. Tous ont leurs usines à Paris et dans les environs; les deux derniers joignent à la fabrication de l'aniline celle des produits tinctoriaux artificiels. Les six autres fabricants limitent leur exploitation aux seuls produits tinctoriaux dérivés de l'aniline, du phénol ou de la naphtaline; ce sont : la Compagnie *la Fuchsine*, MM. Guinon, Marnas et Bonnet, Lucien Picard, Prunier, à Lyon, MM. Poirrier et Chappat, à Paris, et Tellier, près de Lille.

Les trois exposants anglais, MM. Calvert, Lowe, Demuth, ne nous offrent que des matières premières ou des matières colorantes extraites de l'acide phénique. Toutes les personnes qui ont vu l'Exposition de 1862 ne peuvent que regretter l'abstention complète des grands manufacturiers de couleurs d'aniline de l'Angleterre, tels que MM. Nicholson et Maule, et M. Perkin.

En Allemagne, nous ne trouvons, comme exposants de matières premières, que MM. Julius Ruetgers, à Berlin, Weiller et Cⁱᵉ, à Cologne, Oehler, à Offenbach; encore l'industrie la plus importante de ce dernier est-elle la fabrication des substances que consomme la teinture. MM. Meister Lucius et Cⁱᵉ, (Hoechst), Kalle et Cⁱᵉ (Biebrich), Langerfeld et Fræhling (Berlin), Tillmanns (Crefeld), Jaeger, Bayer et Cⁱᵉ, Otto Bredt et Cⁱᵉ (Barmen), Gessert frères (Eberfeld), Pommier et Cⁱᵉ, et Würtz (Leipzig), préparent exclusivement des matières colorantes.

La Suisse est représentée par M. Geigy et M. Dollfus, de Bâle; ce dernier traite les goudrons provenant de la fabrication du gaz et fait, en outre, toutes les matières colorantes de l'aniline, comme M. Geigy.

L'unique exposant américain, M. Holliday, de New-York, est à la fois producteur de goudron, d'aniline et de couleurs.

En ce qui touche la France, l'Allemagne, la Suisse, les produits exposés donnent une idée assez exacte de l'état de la fabrication dans chacun de ces pays. Il va sans dire qu'ils nous conduiraient à des conclusions tout à fait erronées relativement à l'Angleterre, que nous placerions au dernier rang, tandis qu'elle occupe une place éminente dans la production de toutes les matières premières et colorées qu'on peut retirer du goudron. Du seul examen de l'Exposition on peut tirer cette conclusion que la France fabrique surtout les matières premières, et l'Allemagne les matières colorantes. C'est bien ce qui a lieu en réalité, en ajoutant toutefois que l'Angleterre doit se placer à côté de la France. Cela tient à ce qu'il existe dans ces deux contrées des centres de population très-considérables dans lesquels la fabrication du gaz, et, par suite, la distillation de la houille s'effectuent sur une bien plus large échelle que partout ailleurs. En Allemagne, au point de vue du nombre des habitants, il n'y a pas de villes qui soient à comparer à Londres et à Paris : l'emploi du gaz s'y est développé plus tardivement, et bien que, dans ces dernières années, cette consommation se soit généralisée et accrue rapidement, elle est encore trop récente pour avoir pu atteindre les mêmes proportions qu'en France ou en Angleterre.

Ces différences tendront à s'effacer avec le temps. On a déjà commencé à installer, dans quelques grandes villes de l'Allemagne, comme Berlin et Cologne, des usines pour la distillation des goudrons. Si l'on adopte, dans les lieux de production houillère de la Prusse, les procédés de carbonisation de la houille de MM. Pauwels et Knab, les quantités de goudron qui se trouveront à la disposition de l'industrie subviendront amplement à tous les besoins des fabricants de couleurs d'aniline.

En attendant, c'est la France et l'Angleterre qui approvisionnent les fabricants allemands de benzine et d'aniline pour la plus grande partie de leur consommation. Il semble que, se trouvant ainsi tributaires de leurs rivaux pour la base même de toute cette industrie, ils devraient avoir quelque peine à supporter la concurrence, sinon sous le rapport de la qualité des produits, au moins sous celui du bon marché. C'est précisément le contraire qui a lieu, et malgré les frais de transport dont sont grevées les matières premières qu'ils mettent en œuvre, ils parviennent à livrer les matières colorantes qui résultent de leur transformation, à Londres ou à Paris, à plus bas prix que les fabricants de ces villes mêmes. On peut dire que le bon marché, plus encore que la qualité, est le caractère de la fabrication allemande, et que c'est l'inverse pour les fabrications anglaise et française. Cette bizarrerie n'est qu'apparente et s'explique fort bien : à Berlin ou à Crefeld, si l'aniline coûte un peu plus cher qu'à Londres ou à Paris, la main-d'œuvre, en revanche, y est bien plus économique. En outre, la plupart des autres produits chimiques (il ne faut pas que de l'aniline) sont à très-bas prix, grâce à une industrie décentralisée, répartie uniformément dans tout le pays, et surtout par suite de la modération des taxes qu'ils ont à supporter. Par exemple, l'hectolitre d'alcool à 90 degrés, à Berlin, vaut, tout impôt payé, 88 fr. 80, tandis qu'il revient au fabricant français à 200 francs, y compris les droits. La production de 1 kilogramme de bleu ou de violet suppose l'emploi d'environ 10 litres d'alcool. On voit que, de ce chef, il résulte pour le fabricant allemand sur son concurrent français un avantage de 10 francs par kilogramme de bleu, au minimum. Dans beaucoup de cas, ces 10 francs constituent un bénéfice net de 10 pour 100. Le teinturier, qui consomme plus d'alcool que le fabricant de couleurs (il faut 40 litres pour dissoudre 1 kilogramme de bleu), est dans une situation plus défavorable encore pour lutter contre la concurrence étrangère.

Le sel marin coûte 6 fr. 03 les 100 kilogrammes à Stassfurt. Le fabricant français l'achète 15 fr. 20. Nous avons dit, en traitant des procédés par lesquels on fabrique ces couleurs, quelle quantité on emploie de cette substance. De là un second avantage important en faveur du fabricant allemand.

Indépendamment de ces causes purement matérielles, qui ont contribué à développer en Allemagne l'industrie des couleurs d'aniline au point d'en faire une rivale redoutable pour les industries similaires de l'Angleterre et de la France, il en est une autre d'un ordre plus élevé et que nous ne pouvons passer sous silence : nous voulons parler de la grande diffusion que les connaissances chimiques ont reçue dans cette contrée. Grâce à la multiplication des universités, des institutions polytechniques, des écoles industrielles, professionnelles (*Realschulen* et *Gewerbeschulen*), les fabriques de produits chimiques peuvent recruter chaque année leur personnel dirigeant parmi une foule de jeunes chimistes qui joignent à des notions théoriques étendues l'habitude des manipulations chimiques et des connaissances pratiques sérieuses. Il est bien rare de retrouver au même degré cette réunion précieuse dans les élèves sortant du petit nombre d'établissements plus ou moins analogues que possèdent la France et l'Angleterre. Nous ne doutons pas qu'il faille attribuer, dans une large mesure, les succès remportés par les fabricants de produits chimiques de la Confédération du Nord à l'excellence de l'éducation chimique. Cela est surtout vrai dans le cas qui nous occupe, et se comprend parfaitement. Le mode de génération des couleurs d'aniline comporte un ensemble d'opérations fort délicates, appartenant plutôt au laboratoire qu'à l'usine, et qui, pour être heureusement exécutées et menées à bonne fin, exigent de la part de ceux qui s'y livrent beaucoup de soins et des connaissances tout à fait spéciales.

Cette divulgation des sciences et des arts chimiques, cette culture particulière dont ils sont l'objet rendent extrêmement frappant un fait qui saisit tout d'abord l'observateur comme une anomalie : c'est que l'Allemagne industrielle n'a presque rien découvert dans cette industrie où elle excelle d'ailleurs. Toutes les inventions importantes qui en sont la base ont été réalisées en Angleterre et en France. Tenant moins à la gloire qu'au profit, elle a borné son rôle à exploiter habilement les découvertes de ses rivales. L'état défectueux de la législation des brevets, rapproché de la division territoriale excessive de l'ancienne Confédération germanique, peut seul expliquer cette circonstance singulière. Ses conséquences immédiates sont telles, que l'inventeur ne peut pas raisonnablement espérer qu'il conservera la propriété de son œuvre. Aussitôt, en effet, que sa découverte est connue, elle devient la proie de tous ses concurrents.

Le manufacturier n'a donc aucun intérêt à devenir inventeur, à entreprendre des recherches longues et coûteuses pour arriver à un résultat nouveau, qui lui échappera aussitôt qu'il l'aura atteint, et dont il devra partager les fruits avec tout le monde. Son véritable intérêt, comme la sagesse et l'expérience commerciale le démontrent, est au contraire de n'exploiter que les découvertes d'autrui, dont l'industrialisation est un fait accompli, pour lesquelles il n'y a plus de frais à faire, d'essais à tenter, de risques à courir, de déceptions à éprouver.

La vue de ce qui se passe en Suisse vient encore confirmer notre opinion. Elle aussi possède d'excellents établissements d'instruction professionnelle, des usines florissantes, fabriquant avec succès toutes les matières colorantes de l'aniline ; il semble qu'elle ait là réunis tous les éléments qui peuvent provoquer l'esprit d'initiative, faire naître les découvertes, aiguillonner le progrès : et pourtant la Suisse n'a rien découvert, elle n'a même apporté à cette fabrication aucun perfectionnement de quelque importance. C'est que nulle part n'est plus complète la négation du principe de la propriété industrielle, du brevet d'invention. Or, ce n'est point la contrefaçon avouée et pratiquée hautement, érigée pour ainsi dire en système, ne reculant devant aucune de ses conséquences, qui peut encourager les inventeurs à produire.

Nous n'avons pas la prétention d'examiner en légiste la loi des brevets d'invention, d'en faire l'éloge ou la critique. Sans doute elle n'est point parfaite : comme toutes les institutions humaines, elle peut donner lieu à des abus ; mais ce que nous demanderons la permission de dire, et même de répéter, car l'un de nous avait eu déjà, dans son rapport sur l'Exposition de 1862, l'occasion d'exprimer son sentiment à ce sujet (1), c'est que le principe du brevet d'invention est utile

(1) Qu'il nous soit permis de transcrire ici le passage auquel nous faisons allusion, en raison de l'exemple frappant qu'il contient à l'appui de notre thèse.

« Un intérêt considérable se rattache à l'histoire de la découverte de ce vert (le vert Guignet), parce qu'elle constate la valeur du système des brevets pour la société en général.

« Depuis plus de vingt-cinq ans déjà, MM. Pannetier et Binet fabriquaient cette couleur en France, à la vérité en quantités assez restreintes et sous le nom de *vert d'émeraude;* mais ils avaient gardé le secret de leur procédé. Beaucoup d'autres, séduits par la grande beauté de ce produit, cherchèrent à

d'abord, et légitime ensuite. Nous n'ignorons point que cette idée est loin d'être partagée par l'éminent économiste qui préside à la rédaction générale du travail auquel nous apportons notre modeste tribut, et il faut toute la sincérité, toute l'ardeur de notre conviction, pour que nous osions, ici même, entrer en contradiction avec son opinion si justement autorisée.

Notre argumentation est bien simple et repose tout entière sur cette vérité que nous développons ultérieurement : la science et l'industrie progressent l'une par l'autre. Ce point admis, qui ne voit pas que le brevet d'invention est le seul lien pratique qui les unisse ? que lui seul encourage le savant à tenter de nouvelles applications industrielles, l'industriel à

l'imiter; mais on ne parvint jamais à en découvrir la nature, en partie sans doute parce qu'on avait observé qu'en chauffant la couleur elle devenait plus foncée, et qu'il s'en dégageait de la vapeur, circonstances qui firent penser qu'elle contenait une matière organique. Lorsque enfin M. Guignet découvrit la nature de cette substance et la manière de la produire, il s'empressa de faire breveter immédiatement sa découverte; ainsi protégé, il put se hasarder d'en commencer la fabrication en grand, et produisait alors par tonnes ce que le système du secret n'avait pu fabriquer que par livres. Comme un exemple frappant de la supériorité du système des *patentes* sur le système des *secrets* de fabrication, nous mentionnerons le fait suivant : M. Guignet alloue généreusement une petite proportion de ses bénéfices, à titre de compensation, aux anciens possesseurs du secret, et cette somme dépasse considérablement le profit que ces derniers retiraient de leurs opérations, nécessairement restreintes, parce qu'elles étaient cachées. Les intérêts du public n'en ont point souffert non plus, car la concession du brevet nécessitant l'enregistrement d'une description du procédé, ce dernier ne peut plus être perdu, comme cela peut arriver avec un procédé secret, à la mort de son propriétaire. Dans quelques années d'ici, à l'expiration de la patente, tous les fabricants seront libres d'utiliser cette méthode; et ils jouiront, grâce au système des brevets, de l'avantage considérable de posséder les instructions complètes pour les guider dans leurs opérations. L'abolition de la loi sur les brevets ayant été discutée tout récemment en Angleterre, le rapporteur croit de son devoir d'exprimer ici franchement son opinion, raffermie encore par toutes les recherches nécessitées par ce rapport : c'est que, quelque susceptible de réforme que soit la loi sur les patentes, l'industrie civilisée ne pourrait recevoir de coup plus cruel, ni le progrès subir d'arrêts plus désastreux que ceux qui résulteraient de l'abolition de cette loi, qui garantit aux inventeurs une propriété limitée et conditionnelle des produits de leur génie, assurant en même temps à l'humanité en général la réversion de leur noble héritage. »—Rapport anglais de 1862 (*Produits et procédés chimiques*), traduit de l'anglais par Mme Pauline Kopp., p. 200.

6m

divulguer ses procédés, ses essais, en assurant à tous les deux la rémunération de leurs travaux?

On a attaqué très-vivement le principe des brevets d'invention, non-seulement au nom de l'intérêt général, mais encore, tant le paradoxe plaît en France, au nom même des inventeurs. On a fait des distinctions subtiles entre le principe de la propriété des œuvres artistiques et littéraires et celui des œuvres de science et d'industrie. Et, pour pouvoir en même temps conclure d'une part à l'abolition de la propriété scientifique et industrielle (ce qui revient à dire que la découverte, l'invention, sont indignes de rémunération) et constituer de l'autre la propriété littéraire et artistique, on a été jusqu'à prétendre que le savant et l'industriel ne tiraient rien de leur propre fonds, ni leur travail, ni leurs idées, tandis que l'écrivain, l'artiste, n'avaient qu'à frapper leurs fronts olympiens pour en faire sortir Minerve tout armée. Comme si Molière devait moins à Plaute que Stephenson à Papin! Comme si le plagiat littéraire et artistique n'était pas aussi commun que le plagiat scientifique et industriel! Mais laissons ces considérations, et voyons quels seraient les résultats de la suppression des brevets d'invention. On peut juger d'une mesure par ses conséquences.

1° Au point de vue matériel, ce ne serait pas le public qui bénéficierait de la prime payée à l'inventeur, mais bien le capitaliste. A un monopole de droit, limité, temporaire, succéderait un monopole de fait, illimité. La perspicacité la plus ordinaire permet de le prévoir.

2° Au point de vue moral, il y aurait une injustice prodigieuse à venir dire au savant, à l'industriel, à l'inventeur :
« Quel qu'il soit, ton travail, ton temps dépensé, ton argent
« même, ne te donneront droit à aucune rémunération; les
« fruits en appartiendront à tous, à moins que tu ne les caches,
« que tu ne les dérobes. A chacun selon ses œuvres, dit le
« proverbe, excepté pour toi; tu sèmeras et ne récolteras pas;
« tu seras à jamais incapable d'acquérir et de posséder. »

3° Au point de vue intellectuel, il résulterait de la suppression du brevet et de la nature de l'homme qui répugne à travailler sans espoir de salaire, que la découverte serait tenue secrète. Maintenant on la divulgue, on la publie : elle serait cachée, dissimulée.

Qui en pâtirait ? L'industrie la première, arrêtée dans ses progrès, privée de sa principale, de sa meilleure source d'information. Car il n'y a pas d'ouvrage technologique plus instructif, plus complet que le recueil des brevets pris en France et en Angleterre. Sans doute les faits se répètent, se copient les uns les autres ; beaucoup sont puérils, absurdes même ; il n'en est pas moins vrai que leur collection forme un véritable miroir, qui reflète à chaque moment l'état présent de l'industrie. Tous les manufacturiers soucieux de rester à la tête de leur industrie le savent bien ; s'ils voulaient le nier, l'usage, l'abus même qu'ils en font témoigneraient contre eux et leur donneraient un éclatant démenti.

L'industrie des matières colorantes artificielles, dont nous venons de retracer rapidement l'histoire depuis 1862, fournit de merveilleuses preuves de l'influence que la pratique et la théorie exercent l'une sur l'autre. Dans quelle branche des arts chimiques peut-on voir se révéler plus fréquemment, plus distinctement, le lien qui rattache toujours la science à l'industrie ; cette étroite dépendance qui donne à chaque progrès scientifique son corrollaire industriel ; qui fait que toute observation bien constatée de l'une est tôt ou tard utilisée par l'autre ; qui veut par un juste retour que toute acquisition nouvelle de la seconde vienne enrichir la première ?

Certes, sans les travaux préparatoires de la science, sans son labeur patient et prolongé, nous n'aurions pu assister à cette éclosion rapide de l'industrie qui nous occupe. Les procédés qu'elle emploie avec tant de succès pour accomplir la série des métamorphoses de goudrons noirs et fétides en couleurs aussi éclatantes que variées, la préparation des carbures d'hydrogène, leur nitration, leur transformation en monamines, tout cela est le fruit de recherches purement scientifiques. Mais ces méthodes elles-mêmes seraient-elles devenues aussi fécondes, bien plus, auraient-elles été conçues si la science et l'industrie n'avaient pas antérieurement contracté une première alliance? Évidemment non.

Qui pourrait, en effet, nier ou seulement contester la puissante influence que le développement de la fabrication du gaz a exercée sur les progrès de la théorie des hydrocarbures?

N'est-ce point la distillation de la houille entreprise dans ce but industriel qui a fourni à la chimie les bases et les éléments de quelques-unes de ses plus belles spéculations?

La science, en mettant ses lumières au service de la nouvelle industrie des matières colorantes dérivées du goudron, n'a donc fait qu'acquitter une ancienne dette de reconnaissance, et à peine avait-elle ainsi, pour témoigner sa gratitude, commencé cette seconde collaboration, qu'elle en recevait la récompense.

Sous l'impulsion du nouveau mouvement industriel produit, elle voyait les méthodes qu'elle avait indiquées se simplifier, se généraliser; les réactions qu'elle avait trouvées, prendre un aspect tout à fait nouveau par suite de leur exploitation sur une large échelle pour les besoins ordinaires de la vie; des horizons nouveaux s'ouvrir, et des problèmes qu'elle n'eût pu résoudre avec les moyens dont elle disposait recevoir leur solution. En même temps une foule de corps, dont l'existence n'était pas même soupçonnée, étaient mis à sa disposition et fournissaient à son zèle des matériaux pour compléter d'anciennes théories, pour en créer de nouvelles.

En résumé, la science a rendu l'industrie rationnelle, d'empirique qu'elle était auparavant, et l'industrie à son tour est devenue l'auxiliaire le plus utile, le contrôle le plus probant, la pierre de touche la plus exacte, en quelque sorte, des théories purement scientifiques. En les faisant passer des régions de l'abstraction dans celles de la pratique, elle donne aux idées scientifiques une consécration, elle les soumet à une épreuve qui les met au-dessus de toute contestation, de toute discussion.

Le progrès exige donc que la science et l'industrie s'unissent de plus en plus intimement; que la première ne soit plus que la théorie de la seconde, et la seconde la pratique de la première. Tout ce qui tendrait à les séparer, à les isoler l'une de l'autre, serait funeste à leur développement respectif. Pour l'une, on verrait revenir les beaux jours de la spéculation métaphysique, de ces fatales et interminables discussions dans lesquelles les mots et les abstractions font oublier les faits; pour l'autre, ceux de l'empirisme et de l'ignorance, qui feraient au mouvement succéder l'immobilité. Nous n'insisterons pas sur cette pensée; à chaque page on trouvera des preuves de sa justesse, si l'on veut parcourir l'histoire des sciences et de l'industrie.

Paris.—Imp. PAUL DUPONT, 45, rue de Grenelle-Saint-Honoré.